高等学校
"十四五"医学规划新形态教材

 浙江省普通本科高校
"十四五"重点教材

微生物学实验指导

主　编　曾爱兵

副主编　李劲松　李科伟

编　者（按姓氏汉语拼音排序）

　　　　陈栎江　方周溪　李劲松　李科伟
　　　　李佩珍　刘彩霞　楼哲丰　徐春泉
　　　　曾爱兵　周　燕

中国教育出版传媒集团

高等教育出版社·北京

内容提要

《微生物学实验指导》旨在落实高等教育"重基础、强实践、敢创新"的实践教学理念，提高学生规范的动手操作技能，锤炼其分析问题、解决问题的能力，培养学生缜密的创新思维。全书共分4章，分别是绪论、基础性实验、综合性实验、设计性实验，总计19个实验。本书增加了微生物实验室生物安全管理和规范操作的相关内容，重点介绍了生物危害和安全防护相关知识，强调规范化实践操作技能训练的重要性，注重多层次、多方面的综合思维训练。

本书可供医药卫生类及相关专业使用，也可供从事微生物学基础教学及相关科研、生产的人员参考使用。

图书在版编目（CIP）数据

微生物学实验指导 / 曾爱兵主编 . -- 北京：高等教育出版社，2024.12

ISBN 978-7-04-062090-0

Ⅰ.①微… Ⅱ.①曾… Ⅲ.①微生物学－实验 Ⅳ.①Q93-33

中国国家版本馆 CIP 数据核字（2024）第 071976 号

Weishengwuxue Shiyan Zhidao

策划编辑	张映桥	责任编辑	张映桥	封面设计	李卫青	责任校对	刘娟娟
责任印制	沈心怡						

出版发行	高等教育出版社	网 址	http://www.hep.edu.cn
社 址	北京市西城区德外大街4号		http://www.hep.com.cn
邮政编码	100120	网上订购	http://www.hepmall.com.cn
印 刷	北京印刷集团有限责任公司		http://www.hepmall.com
开 本	787mm×1092mm 1/16		http://www.hepmall.cn
印 张	9.75		
字 数	228 千字	版 次	2024 年 12 月第 1 版
购书热线	010-58581118	印 次	2024 年 12 月第 1 次印刷
咨询电话	400-810-0598	定 价	29.80元

本书如有缺页、倒页、脱页等质量问题，请到所购图书销售部门联系调换
版权所有 侵权必究
物 料 号 62090-00

新形态教材·数字课程（基础版）

微生物学实验指导

主编　曾爱兵

登录方法：

1. 电脑访问 http://abooks.hep.com.cn/62090，或微信扫描下方二维码，打开新形态教材小程序。
2. 注册并登录，进入"个人中心"。
3. 刮开封底数字课程账号涂层，手动输入20位密码或通过小程序扫描二维码，完成防伪码绑定。
4. 绑定成功后，即可开始本数字课程的学习。

绑定后一年为数字课程使用有效期。如有使用问题，请点击页面下方的"答疑"按钮。

微生物学实验指导

曾爱兵

开始学习　　收藏

　　微生物学实验指导数字课程与纸质教材一体化设计，紧密配合。数字课程涵盖教学课件、彩色插图等资源，充分运用多种形式的媒体资源，与纸质教材相互配合，丰富了知识呈现形式。在提升课程教学效果的同时，为学习者提供更多思考与探索的空间。

http://abooks.hep.com.cn/62090

前　言

微生物学实验技术和方法是微生物学建立和发展的基础，曾为整个生命科学的发展做出过重要的贡献。随着分子生物学技术的应用、各学科的交叉和渗透，微生物学实验技术的内容得到了极大丰富和发展，微生物学相关技术和方法更是广泛地渗透到现代生命科学的各分支领域，不断发挥着独特的作用。

微生物学实验是一门十分重要的基础课程，是微生物学教学的重要组成部分和不可缺少的环节。本课程的教学目的是巩固学生的微生物学基本知识和基本理论，提升学生的基本微生物学实验技能，进一步培养学生的创造性思维、实践应用能力和管理能力。

本书内容根据全体编者近年实践教学体验与学生调查结果确定。全书选编了基础技能训练实验5个，综合性实验11个，设计性实验3个，共19个。实验涉及生物安全、基础技能、综合实验，以及新方法、新技术应用。为着力强调生物安全，本书增加了生物实验安全风险和防范措施，强化实验室生物安全意识、规范化操作和实验室管理素养的培养。

本书由温州医科大学方周溪、李劲松、李科伟、李佩珍、刘彩霞、陈栎江、徐春泉、周燕、楼哲丰、曾爱兵等几位老师编写而成，温州医科大学教务处和检验医学院（生命科学学院）各位领导给予了极大的支持。由于编者水平有限，书中难免会有不妥之处，恳请使用者给予批评指正，以便下次修订时及时纠正。

曾爱兵
2024年5月于温州茶山

目 录

第一章 绪论 …………………… 1
  第一节 微生物实验室安全须知 …… 1
  第二节 微生物学实验室常用仪器
         设备与操作规程 …………… 8

第二章 基础性实验 …………………… 23
  实验一 无菌操作、细菌接种 …… 23
  实验二 细菌涂片及简单染色法、
       显微镜使用 ………………… 32
  实验三 革兰氏染色法 …………… 38
  实验四 不染色细菌标本观察 …… 44
  实验五 培养基的制备 …………… 49

第三章 综合性实验 …………………… 58
  实验六 细菌的生理、生化反应 … 58
  实验七 药敏实验（K-B法）…… 67
  实验八 活菌数测定 ……………… 76
  实验九 细菌生长曲线的测定 …… 83
  实验十 肠道致病菌（沙门菌属）
       的分离、鉴定 ……………… 85
  实验十一 质粒DNA的提取和
         琼脂糖凝胶电泳检测 …… 96
  实验十二 酸乳的制作及乳酸菌
         的分离 …………………… 102
  实验十三 最低抑菌浓度测定 …… 106
  实验十四 真菌、放线菌的分离
         培养 ……………………… 113
  实验十五 微生物菌种的保藏 …… 119
  实验十六 病毒的电镜形态观察 … 124

第四章 设计性实验 …………………… 128
  实验十七 理化因素对细菌的
         影响 ……………………… 128
  实验十八 营养缺陷型细菌的
         筛选 ……………………… 132
  实验十九 抗药性突变株的分离 … 135

附录 微生物实验室常用试剂
    配制方法 ……………………… 139

参考文献 …………………………… 145

第一章
绪　论

第一节　微生物实验室安全须知

实验室生物安全是实验室安全的重要组成部分。在生物类实验室内，我们不仅要注意用水、用电、防火、防盗等普遍性安全问题，还要注意实验过程中化学危险品、放射性物质、生物检材样品、生物废弃物的污染，以及细菌、病毒等微生物的感染风险，故生物实验室的安全问题有其复杂性和特殊性。如果防范不当易引发安全事故，不仅造成实验室工作人员的个体感染，甚至会因传染源外泄而引发危及社会公众安全的生物灾难。

一、生物类实验室安全风险概述

1. 基本概念

（1）生物危害

生物危害（biohazard），指的是生物因子（如医疗废弃物、细菌、病毒或毒素等）对生物体（尤其是人类）健康造成的危害。

（2）生物安全

生物安全（biosafety），是为避免危险生物因子造成实验人员暴露、向实验室外扩散并导致危害而采取的预防和控制措施。有害生物（特别是致病微生物）所导致的安全问题，是人类社会所面临的最严重和最现实的生物安全问题。生物安全是国家安全的重要组成部分，其防范和控制与生物有关各种因素对人民健康及生态环境所产生的危害或潜在风险。

（3）有害废弃物

有害废弃物（hazardous waste），即有潜在危险的废弃物，包括可燃、易燃、腐蚀、有毒、传染、放射或有其他破坏作用的废弃物。

（4）实验室生物安全防护

实验室生物安全防护（biosafety containment for laboratory），是当实验室工作人员所处理的实验对象含有致病微生物及其毒素时，通过在实验室建筑设计、个人防护装备使用，以及严格遵守标准化操作规程等方面采取综合防护措施，确保实验室工作人员不受实验对象感染，确保周围环境不受其污染。

2. 常见安全风险

生物类实验室常见的安全风险有以下四种。

（1）危险化学品的危害

实验中使用的危险化学品数量众多、品种繁杂、性质各异，不论是生物样品的提取与分离中使用的乙醇、丙酮等有机试剂，还是分子生物学实验中使用的试剂，如苯酚、甲醛、三氯甲烷、异硫氰酸胍、β-巯基乙醇、2,3,5-三苯基氯化四氮唑、溴化乙锭、焦碳酸二乙酯、丙烯酰胺、甲叉双丙烯酰胺等，在储存和使用过程中潜藏着极大的危险性。有的化学品如果使用不当会引起燃烧爆炸，污染环境。有的化学品具有一定的毒性，可对人体造成不良影响或严重伤害。实验之前必须充分了解这些化学品的性质、暴露途径，学会正确规范使用与管理，以防止化学品事故的发生和预防可能造成的危害。

（2）火和电的危害

在生物类实验室中，火和电的不规范使用和管理，除了直接造成人员伤害和财物损失，更可能引发危险化学品、病原体泄漏造成更为严重的安全事故。因此，火和电的规范使用和管理同样是生物实验室安全防范的重要环节。

（3）操作不当造成的安全风险

在生物类实验室中，操作不当及其造成的安全风险主要有以下几种。使用没有温度过高自动断路装置及没有可靠的接地装置的培养箱、干燥箱，而引发电火花，从而导致火灾事故的发生；使用离心机离心前未能将转轴上的离心桶进行平衡处理而引发事故；冰箱中存放危险化学品不当，导致泄漏引发事故；厌氧培养箱中没有正确使用气体而引发爆炸；高压灭菌器使用不当引起烫伤和爆炸；酒精灯的不正确使用引发火灾等。

实验室应当建立仪器设备管理制度，落实专人做好仪器设备的维护、保养工作，保证其安全运行，并做好相应台账。

（4）实验室生物危害

实验室的生物危害是指在进行病原微生物的研究、检测等过程中，对实验室人员造成的危害和对环境造成的污染。在教学和科学研究活动中，使用对人、畜有高度传染性的细菌、病毒等微生物时，如果管理疏忽发生意外，不仅会导致工作人员的感染，甚至可能危及社会，引起大规模传染病的发生。

3. 实验室生物感染事件发生的原因

实验室内病原微生物暴露，造成人员感染并向实验室外环境泄漏，导致发生实验室感染事件，其原因一般有以下三种。

（1）事故性感染

事故性感染主要是实验室长期运行中，工作人员的疏忽或主观麻痹大意，未遵守实验室生物安全规则和程序，管理程序执行不严，以及仪器设备老化或故障，使微生物直接或间接感染实验人员，污染了环境。

（2）气溶胶感染

下列情况下都有可能产生感染性气溶胶。

1）用液体或半流体生物标本进行琼脂平板划线接种操作时。

2）用吸管将标本接种到细胞培养瓶时。

3）用加样器将感染性试剂混悬液进行转移时。

4）用感染性物质逆行匀浆、漩涡振荡时。

5）用感染性物质进行离心及动物操作时。

这些感染性物质以气溶胶的形式飘散在空气中，人吸入这类气溶胶后就会造成感染。

（3）外力因素导致的感染

外力因素也是造成实验室生物泄漏的重要因素，如地震、台风、洪水等自然灾害，人为偷盗破坏、战争等人为因素。生物武器就是一种人为的实验室感染。

4. 实验室内生物感染的途径

实验室内生物感染是一个过程，称之为感染链（chain of infect），包括病原体从储器中逃逸，通过播散，借助一定的途径进入人体。了解可能的感染途径，有助于我们找到阻断感染的有效方法。常见的实验室内生物感染来源有以下四个。

（1）经呼吸道吸入

实验室的许多操作可以产生微生物气溶胶，比如微生物接种、吸液、注射、离心、实验动物解剖、实验液体溢出或溅洒，样品的混合、混旋、研磨、剧烈摇动、超声破碎，灌注和倒入液体，以及开瓶时两个界面的分离等。这些操作能在不知不觉中形成气溶胶，工作人员根本无法察觉。病原微生物随气溶胶流动、扩散，经呼吸道吸入导致工作人员感染。

（2）经口摄入

用嘴吸管取液，液体溅洒进入口中，在实验室吃东西、饮水和吸烟，把手指放入口中（如咬指甲），渗漏污染物（标签钢笔）等行为都具有一定的风险，可能会直接导致病原微生物感染。

（3）锐物导致的意外接种

被污染的针尖刺伤、刀片或碎玻璃割伤、动物或昆虫咬伤或抓伤等创伤导致引起的意外感染。

（4）经皮肤和黏膜感染

经皮肤和黏膜感染包括含病原体的液体溢出（或溅洒）在皮肤或黏膜上，或操作时感染物外溅而工作人员与污染的表面和物品接触，以及手口间活动传播，通过由皮肤或黏膜透入引起的感染。

通过对以往实验室感染事件的调查分析，发现通过呼吸道气溶胶传播是实验室生物安全事故发生的主要原因。

实验室生物安全主要涉及病原微生物安全、实验动物安全、转基因生物安全等方面。针对存在的危险采取一系列措施来消除风险减少危害，是实验室生物安全需要解决的问题。

生物安全涉及政治、经济、科学、社会、伦理和国家安全等多方面。目前，生物安全已经引起了各国的高度重视。我国在发展生物科学的同时，也在积极进行生物安全方面的研究，制定、发布和实施了一系列的法规、条例和规定。生物安全管理执行具有强制性，执行不力的研究单位和个人，严重者将被依法追究法律责任。

二、微生物学实验室规则

微生物实验操作对象大多为致病性微生物，实验室生物安全问题应放在"重中之重"位置。必须严格遵照实验操作规则，防止自身感染，杜绝一切将病原微生物散布到实验室外的可能。此外，应十分注意防止发生火灾、烧伤、触电等意外事故。因各种微生物的致病力与传染途径不同，故对不同微生物实验的安全防护要求也不同。现将实验室一般注意事项介绍如下。

（1）非必需物品不得带入实验室。必要的文具、实验指导、笔记等带入后也要远离操作处，应放在指定的抽屉里。

（2）实验室内应穿工作服，离室时要反折并带回。工作服应经常消毒洗涤。

（3）实验室内应保持肃静，有秩序，不得高声谈笑或随便走动，以免影响他人工作。实验室内不可饮食、吸烟，不可用手抚摸头、面及其他部位。

（4）每次实验需进行培养的材料，应在适当位置标明自己的组别及处理方法，放于教师指定的地点进行培养。每次将实验结果以实事求是的态度填入实验报告中，力求简明准确，并连同思考题答案及时交教师批阅。

（5）实验室中的菌种和物品，未经许可不得携带出室。

（6）接种环、针使用后应立即于酒精灯火焰上正确烧灼灭菌。沾有菌的吸管、毛细管、用过的玻片应放于含消毒液的容器内。其他已污染之试管、平皿等也应置于专用容器内，经灭菌后，再行洗涤。实验观察结束后，应将培养物等放入污物桶中，送消毒室处理。

（7）若发生意外吸入菌液、割破手指或其他意外事故，应立即报告老师进行预防处理。

（8）爱护室内仪器设备，按使用规则操作。烤箱、电磁炉、酒精灯用后应立即切断电源或熄灭。工作结束时注意实验室消毒工作。必须把所用仪器擦净放好。关好实验室门窗。检查温箱、冰箱等温度是否适宜或箱门是否关闭。观察自来水龙头是否拧紧。工作台用浸有消毒液的抹布拭擦干净，用具放回原处摆放整齐。

（9）实验动物，尤其是感染动物的笼子要关好，勿使其逃出处。实验动物的尸体应按照有关规定处理并在指定的焚毁炉内焚烧。

（10）每次实验完毕后注意洗手。离开实验室前应将双手用肥皂水与清水刷洗干净。值日生记录实验室使用情况，得到带教老师允许后方可离开。

三、生物安全实验室管理素质的培养

绝大多数实验室生物感染和泄漏事件的发生，都是由于管理不善和疏漏所导致。严格的实验室安全管理是保障生物实验室安全运行的必备条件，也是根本上提升实验质量的重要保证。"凡事预则立，不预则废"，这一点在实验室生物安全管理中特别重要。在微生物实验室中，微生物气溶胶等各种有害生物因子的产生大多不易察觉、感知，实验人员稍不注意就可能受到感染。因此，实验室生物安全管理必须包括一系列行之有效的预防措施、操作规范并得到严格执行。生物安全实验室管理素质培养必须强调以下几个方面。

（1）牢固树立生物实验室安全意识

实验室安全教育主要是实现学生安全意识的培养，提升学生的责任意识。要求学生对实验室安全风险存在的可能原因和警示标志有足够的关注。要全面了解微生物学实验的内容和基本原理，熟知实验中所使用的仪器和药品的危险性，牢记各个实验风险因素的解决办法，提升实验室安全风险防范意识。

（2）严格执行实验操作规范，减少实验室安全隐患

应严格执行微生物学实验操作规范和熟练掌握实验技能，减少实验室安全隐患。规范实验操作是高校人才培养的必然要求。生物安全事件可能造成的危害，不仅针对实验者本人和实验室工作人员。多种实验操作可使含病原微生物的液体形成气溶胶，并随气溶胶而扩散，引起实验室之外社会群体感染的发生。在实验操作过程中不可能完全避免气溶胶的产生，但进入实验室的人员若能很好地掌握规范的实验操作技术，一定能最大限度减少微生物实验室安全隐患。

（3）积极参与实验室的生物安全体系建设

学生是实验教学的主体，应积极主动地实践，进一步深化对生物安全知识的理解，理论联系实际，减少实验过程中的安全风险。对所开展的实验活动，在开始之前做好充分的风险评估，针对可能存在的危险因子采取有效的防护措施，准备好应急预案，防患于未然。

（4）加强学习，提升基本知识和能力

进一步学习我国实验室生物安全有关的法律法规和标准，提升生物安全实验室建设和管理基本知识和能力。我国病原微生物实验室标准和指南包括 GB 19489—

2008《实验室生物安全通用要求》、WS 233—2017《病原微生物实验室生物安全通用法则》《人间传染的病原微生物名录》等。我国病原微生物安全有关的法律法规，如《传染病防治法》《病原微生物实验室生物安全管理条例》《医疗废物管理条例》等，都值得学习。了解生物安全领域新思想、新观点、新理论和新方法，进一步提高生物安全防护知识、意识和实验室管理技能，实现对当代高素质实验人才的培养。

思 考 题

1. 何谓实验室生物安全防护？
2. 生物类实验室的常见安全风险有哪些？

附：生物安全实验室防护水平分级和危险程度分类

1. 生物安全实验室防护水平分级

生物安全实验室是指通过规范的设计建造、合理的设备配置、正确地装备使用、标准化的程序操作、严格的管理规定等，确保操作生物危害因子的工作人员不受实验对象的伤害，周围环境不受其污染，实验因子保持原有本性，从而实现生物安全的实验室。根据所操作的生物因子的危害程度和采取的防护措施，目前我国将生物安全实验室的防护水平（biosafety level，BSL）分为四级，一级防护水平最低，四级防护水平最高，以 BSL-1、BSL-2、BSL-3、BSL-4 表示实验室的相应生物安全防护水平。从事不感染人或动物的微生物实验活动时，一般可在 BSL-1 实验室中进行；如果病原体不形成气溶胶，如肝炎病毒、人类免疫缺陷病毒、多数肠道致病菌及金黄色葡萄球菌等可在 BSL-2 实验室中进行；如果病原体传染性强，且能通过气溶胶传播，如布氏杆菌的大量活菌操作，应在 BSL-3 实验室中进行；BSL-4 实验室仅用于有烈性传染病病原微生物的实验操作。

2. 生物安全危害程度分类

根据病原微生物的传染性、感染后对个体或者群体的危害程度，我国将病原微生物分为四类，其中第一类、第二类病原微生物统称高致病性病原微生物。

第一类：能够引起人类或动物非常严重疾病的微生物，以及我国尚未发现或已经宣布消灭的微生物，如埃博拉病毒、天花病毒、黄热病毒等。

第二类：能够引起人类或动物严重疾病，比较容易直接或间接在人与人、动物与人、动物与动物间传播的微生物，如基孔肯亚病毒，引起肾综合征出血热的汉坦病毒，高致病性禽流感病毒，以及艾滋病毒（Ⅰ型和Ⅱ型）、乙型脑炎病毒、脊髓灰质炎病毒、狂犬病毒（街毒）、SARS 冠状病毒、西尼罗病毒、朊病毒、炭疽芽孢杆菌、布鲁氏菌属、鼻疽伯克菌、结核分枝杆菌、霍乱弧菌等。

第三类：能够引起人类或者动物疾病，但一般情况下对人、动物或环境不构成严重危害，传播风险有限，实验室感染后很少引起严重疾病，并且具备有效治疗和预防措施的微生物，如急性出血性结膜炎病毒、腺病毒、柯萨奇病毒、登革病毒、甲型肝炎病毒、乙型肝炎病毒、麻疹病毒、流行性腮腺炎病毒、鲍曼不动杆菌、沙眼衣原体等。

第四类：在通常情况下不会引起人类或动物疾病的微生物，如豚鼠疱疹病毒、金黄地鼠白血病病毒。

为加强病原微生物实验室生物安全管理，规范有关病原微生物实验活动，根据《病原微生物实验室生物安全管理条例》的规定，卫生部于2006年制定了《人间传染的病原微生物名录》（以下称《名录》），《名录》对病原微生物的危害等级进行分类，并根据不同实验活动的风险明确了生物安全实验室的防护级别，这是实验室生物安全备案和管理的重要依据。《名录》提供病原微生物的中文名、英文名和分类学地位，按照病毒、细菌、真菌进行分类，并提供了朊病毒分类信息，其中高致病性病原微生物中病毒所占比例最高。

《名录》将与病毒有关的实验活动分为五种情况，包括病毒培养，动物感染实验，未经培养的原物感染材料的操作，灭活材料的操作，无感染性材料的操作。

病毒培养包括病毒的分离、培养、滴定、中和试验、活病毒及其蛋白纯化、病毒冻干，以及产生活病毒的重组试验等操作。

利用活病毒或其感染细胞（或细胞提取物），不经灭活进行的生化分析、血清学检测、免疫学检测等操作视同病毒培养。使用病毒培养物提取核酸，裂解剂或灭活剂的加入必须在与病毒培养等同级别的实验室和防护条件下进行，裂解剂或灭活剂加入后可比照未经培养的感染性材料的防护等级进行操作。

未经培养的感染性材料的操作包括未经培养的感染性材料在采用可靠的方法灭活前进行的病毒抗原检测、血清学检测、核酸检测、生化分析等操作。未经可靠灭活或固定的人和动物组织标本因含病毒量较高，其操作的防护级别应比照病毒培养。

灭活材料的操作包括感染性材料或活病毒在采用可靠的方法灭活后进行的病毒抗原检测、血清学检测、核酸检测、生化分析、分子生物学实验等不含致病性活病毒的操作。

无感染性材料的操作包括针对确认无感染性的材料的各种操作，包括但不限于无感染性的病毒DNA或cDNA操作。

在保证安全的前提下，对临床和现场的未知样本检测操作可在生物安全二级或以上防护级别的实验室进行，涉及病毒分离培养的操作，应加强个体防护和环境保护。要密切注意流行病学动态和临床表现，判断是否存在高致病性病原体，若判定为疑似高致病性病原体，应在相应生物安全级别的实验室开展工作。

细菌的实验活动分为四类，包括大量活菌操作、动物感染实验、样本检测、非感染性材料的实验。大量活菌操作涉及"大量"病原菌的制备，或易产生气溶胶的实验操作（如病原菌离心、冻干等）。样本检测包括样本的病原菌分离纯化、药物敏感性实验、生化鉴定、免疫学实验、PCR核酸提取、涂片、显微观察等初步检测活动。非感染性材料的实验，指不含致病性活菌材料的分子生物学、免疫学等实验。

真菌的实验活动和细菌一样也分为四类，包括大量活菌操作、动物感染实验、样本检测、非感染性材料的实验。

需要引起注意的是，我国采用的分类方法和国际上通用的分类方法在危害等级顺序表示上刚好相反，如世界卫生组织（WHO）《实验室生物安全手册》第三版中将危害度4级定为最高危害等级，而我国以第一类病原微生物危害程度为最高。

（楼哲丰　曾爱兵）

第二节　微生物学实验室常用仪器设备与操作规程

微生物学实验室为了满足常规的实验教学需要，要置备一些必要的仪器设备。使用仪器设备不当造成的安全风险普遍存在，应引起重视。学生应熟悉微生物学实验室环境及一般的设备情况，并了解实验室常用仪器的用途、工作原理及使用时的注意事项。

一、超净工作台

超净工作台（laminar flow cabinet），简称净化台。现代微生物学实验技术的普及，使传统单一的酒精灯已不能满足无菌操作的需要，而使用超净工作台可明显地减少污染的机会。超净工作台是目前已普遍应用的无菌操作装置。

1. 超净工作台的工作原理与构造

超净工作台利用鼓风机，驱动空气通过高效空气微粒过滤器（high efficiency particulate air filter，HEPA）净化后，徐徐通过工作台面，在操作场地形成无菌环境。室内新风经过滤器送入风机，由风机加压送入正压箱，再经高效过滤除尘，洁净后，通过均压层，以层流状态均匀垂直向下进入操作区（或以水平层流状态通过操作区），以保证操作区有洁净空气环境。超净工作台是一种形成局部层流的装置，它能在局部造成高洁净度的环境。其构造如图1-2-1所示。

由于空气以均匀速度平行地向一个方向流动，空气没有涡流，故一点灰尘或附着在灰尘上的细菌很难向别处扩散移动，只能就地被排除。因此，洁净气流不仅可以形成无尘环境，也可形成无菌环境。净化台按气流方向的不同可分为以下两种类型。

（1）外流式净化台

该类型净化台净化的气流朝操作者方向流动，能保证外方气流不能混入，保持工作面无菌，但对操作者无保护作用，特别是在进行有害物质实验时，外流式净化台很少被实验室采用。

（2）侧流式净化台

该类型净化台即净化后气流从上向下流向工作台面，或气流从左至右通过工作台面流向对侧，形成气流屏障，将操作者与台面完全隔开，既可保持台面无菌，又可保证操作者免受病菌或毒物的侵害。

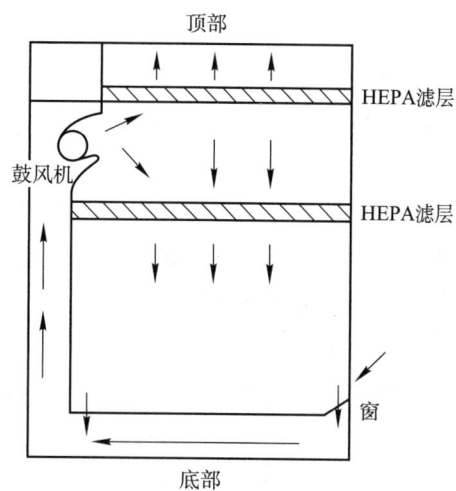

图 1-2-1 侧流垂直式净化台工作原理示意图

空气应通过滤器由台顶向下经台面小孔流出，若空气由内向外流出，虽然也能保持操作无菌，但存在使工作人员感染的风险，故不是一种适宜的空气流向。

2. 超净工作台的优点和局限性

（1）优点

1）效果可靠

超净工作台对于微生物学的无菌技术十分适用，普通无菌操作室有的也有空调设备，但空气涡流严重，因此室内空气的活菌数有时是很多的，甚至高于一般通风良好的非无菌室。而超净工作台的气流没有涡流，其效果可靠。

2）使用方便

超净工作台比无菌操作箱方便，工作者的双臂可自由活动，器材的进出也很方便。

3）节约建筑面积

超净工作台可放在实验室或其他较洁净的室内，占地面积很小。

（2）局限性

对于可能导致致病微生物和毒素泄漏的实验操作，不可用超净工作台代替生物安全柜。为使操作人员及其工作环境免受生物细菌危害，生物安全柜可作为主要的安全屏障，必要时实验室还需要配备其他安全设备，如排气罩等。

3. 操作规程

（1）使用方法

在使用超净工作台前应打开紫外灯，消毒 30 min 后关闭，启动送风机。净化区严禁存放不必要的物品，以保持洁净气流不受干扰。工作完毕后，打开紫外灯消毒 15 min 后关闭并及时清理台面。应定期用电风速计测量工作区平均风速，使其保持在 0.32~0.48 m/s；定期将预滤器中的纺布滤料拆下进行清洗或更换；定期使用尘埃粒子计数器测定工作台的洁净度，测定其平均菌落数，要求洁净度≤0.5 CFU/皿·h。若加大风机输入电压也不能使净化工作区平均风速达到规定参数时，应更换高效过滤器。

不论何种类型的净化台，都要经常检查 HEPA 滤膜层是否发生阻塞。一旦感到气流变弱，如台面上的酒精灯火焰不动，说明滤层已发生阻塞，应请维修人员进行检修，及时更换滤层。

（2）安全防护

操作人员切勿将皮肤、眼直接暴露在紫外线能照射到的地方，以免造成灼伤，注意隔离和保护。

二、生物安全柜

生物安全柜（biological safety cabinet，BSC）是一种能防止实验操作处理过程中某些含有危险性或未知性生物微粒发生气溶胶散逸的箱型空气净化负压安全装置，其广泛应用于微生物学、分子生物学、生物制品等领域，是实验室生物安全一级防护屏障中最基本的安全防护设备。

1. 生物安全柜的工作原理与构造

生物安全柜的工作原理主要是将柜内空气向外抽吸，使柜内保持负压状态，通过垂直气流来保护工作人员；外界空气经 HEPA 过滤后进入安全柜内，以避免处理样品被污染；柜内的空气也需经过 HEPA 过滤后再排放到大气中，以保护环境。根据生物安全防护水平的差异，生物安全柜可分为一级、二级和三级这三种类型。二级生物安全柜构造如图 1-2-2 所示。

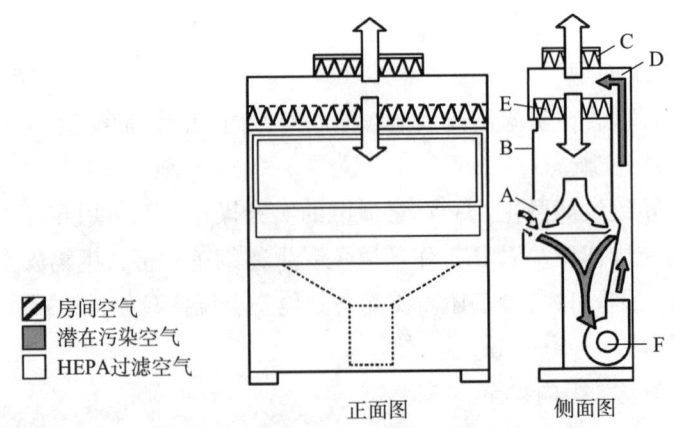

图 1-2-2　二级生物安全柜工作原理示意图

A. 前开口；B. 窗口；C. 排风 HEPA 过滤器；D. 后面的压力排风系统；
E. 供风 HEPA 过滤器；F. 风机

（1）一级生物安全柜

一级生物安全柜可保护工作人员和环境而不保护样品。其气流原理和实验室通风橱基本相同，不同之处在于安全柜的排气口安装有HEPA过滤器，可将外排气流过滤而防止微生物气溶胶扩散造成污染。一级生物安全柜本身无风机，依赖外接通风管中的风机带动气流，由于不能保护柜内产品，目前已较少使用。

（2）二级生物安全柜

二级生物安全柜是目前应用最为广泛的柜型。依照其入口气流风速、排气方式和循环方式的不同可将其分为4个级别：A1型、A2型、B1型和B2型。所有的二级生物安全柜都可提供对工作人员、环境和产品的保护。A1型安全柜前窗气流速度最小量（或测量平均值）应至少为0.38 m/s，无内部循环气流，100%的气体通过排气口过滤排出。A2型安全柜前窗气流速度最小量（或测量平均值）应至少为0.5 m/s，70%气体通过HEPA过滤器再循环至工作区，30%的气体通过排气口过滤排出。二级B型生物安全柜均为连接排气系统的安全柜。连接安全柜排气导管的风机连接紧急供应电源，在断电下仍可保持安全柜负压，以免危险气体泄漏入实验室。其前窗气流速度最小量（或测量平均值）应至少为0.5 m/s。B1型70%气体通过排气口HEPA过滤器排出，30%的气体通过供气口HEPA过滤器再循环至工作区。B2型为100%全排型安全柜，无内部循环气流，可同时提供生物性和化学性的安全控制，可以开展挥发性化学品和挥发性核放射物作为添加剂的微生物实验。

（3）三级生物安全柜

三级生物安全柜是为生物安全防护等级为4级实验室设计的装置。该装置柜体完全气密，工作人员通过连接在柜体的手套进行操作，俗称手套箱（golve box）。试验品通过双门传递箱进出安全柜以确保其不受污染，这适用于高风险的生物试验，如与SARS冠状病毒、埃博拉病毒相关的实验等。

2. 操作规程

生物安全柜是在操作原代培养物、菌毒株，以及诊断性标本等具有感染性的实验材料时，用来保护操作者、实验室环境及实验材料，使其避免暴露于上述操作过程中可能产生的感染性气溶胶和溅出物中的安全装置，其可以有效减少实验室感染及培养物交叉污染。需要正确操作生物安全柜，才能达到保护的目的。

（1）操作前，应将本次操作所需的全部物品移入安全柜，防止双臂频频穿过气幕损坏气流；并且在移入前用75%酒精擦洗外表消毒，以去除污染。

（2）打开风机5~10 min，待柜内空气净化、气流稳定后再进行试验操作；将双臂慢慢伸入安全柜内，至少停止1 min，使柜内气流安稳后再进行操作。

（3）安全柜内不放与本次试验无关的物品。柜内物品摆放应做到清洁区、半污染区与污染区明确分隔，操作过程中物品取用便利，且三区之间无穿插。物品应尽量靠后放置，但不得挡住气道口，以免搅扰气流正常活动。

(4)操作时,应按照从清洁区到污染区进行,以防止穿插污染。

(5)柜内操作时期,禁止使用酒精灯等明火,以防止发生的热量搅扰柜内气流安稳。

(6)作业完结后,封闭玻璃窗,坚持风机持续作业10~15 min,同时开紫外灯,照射30 min。切勿将皮肤、眼直接暴露在紫外线能照射到的地方,以免造成灼伤,注意防护。

(7)安全柜应定时进行检查与养护,以确保其能正常作业。作业中一旦发现安全柜作业反常,应立即停止作业,采用妥当办法处理。

(8)安全柜应定时进行清洗消毒,柜内台面污染物可在作业完毕且紫外灯消毒后用2%的84消毒液擦洗。柜体外表可用1%的84消毒液擦洗。

三、电热恒温干燥箱

1. 电热恒温干燥箱的工作原理

干热灭菌法是利用高温使微生物细胞内的蛋白质凝固变性而达到灭菌的目的。细胞内的蛋白质凝固性与其本身含有的水量有关。菌体受热时,环境和细胞内的含水量越大,则蛋白质凝固就越快;反之,含水量越少,凝固越慢。

一般认为繁殖型细胞在100℃以上温度干热1 h即被杀死。耐热性细菌芽孢在120℃以下温度即使长时间加热也不死亡,在140℃条件下则杀菌效率急剧增长。所以,关于干热灭菌条件,应在180℃条件下维持1 h以上,或在160~170℃下维持2~4 h。时间必须由灭菌物品全部达到特定温度开始计算。此法适用于耐高温的玻璃制品、金属制品,以及不允许湿气渗透的油脂类和耐高温的粉末化学药品等。热原经250℃加热30 min,或200℃以上高温加热至少45 min,可遭破坏。本法缺点是穿透力弱,温度不易均匀,而且由于灭菌温度过高,不适用于橡胶、塑料及大部分药品。

2. 电热恒温干燥箱的构造

电热恒温干燥箱,有普通式和鼓风式两种。后者在箱内装有一台25~40 W单相电容启动电动机,带动一只风扇,以加快热空气的对流,使箱内温度均匀。同时使箱内物品蒸发的水蒸气加速散逸到箱外的空气中,以提高干燥效率。

电热恒温干燥箱又称烤箱,它的主要用途是烤干物品或干热灭菌。其恒温范围为50~200℃(或50~250℃、50~300℃),灵敏度一般为±(0.5~1)℃。电热干燥箱的结构,主要由箱体、电热器和温度控制器三部分组成,其构造如图1-2-3所示。

3. 操作规程

(1)电炉丝分组开关打开后,要经常注意温度计上的读数是否达到所需的温度。达到时,调节自动恒温器,使指示绿灯正好发亮。10 min后再看温度计及指示灯,如温度计所示的温度超过所需的温度,红灯发亮,可将自动恒温器的调

第二节 微生物学实验室常用仪器设备与操作规程

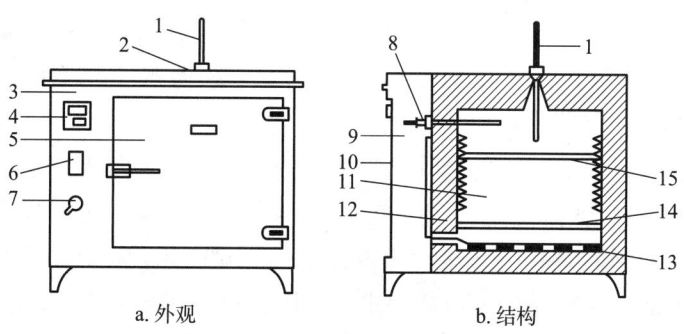

图 1-2-3 电热恒温干燥箱的外观和结构

1. 温度计；2. 排气阀；3. 箱体；4. 电子控温器旋钮；5. 箱门；6. 指示灯；7. 加热开关；8. 温度控制阀；9. 控制室；10. 侧门；11. 工作室；12. 保温室；13. 电热器；14. 散热板；15. 搁板

节旋钮按逆时针方向稍旋转一些；如果温度计所示的温度低于所需的温度，绿灯亮，则将调温旋钮按顺时针稍微旋转一些。如此反复调几次，直至温度计上的读数符合需要的温度而指示灯忽红忽绿为止。这时表示温度计所指的温度是在所需的温度上，一般半小时以上温度才稳定。目前，市场上在售电热恒温干燥箱多有电脑板控温装置，温度设定十分方便，同时带有风机使箱内受热均匀。

（2）需要灭菌的玻璃器皿、试管、吸管等，必须洗净并干燥后再进行灭菌。如事先将器皿包裹或塞以棉塞，则灭菌后，在适宜环境下保存可延长无菌状态达一周之久。

（3）放入箱内灭菌的器皿不宜放得过挤，而且不得使器皿与内层底板直接接触。

（4）接通电源后使温度逐渐上升至 160℃ 维持 2 h 即可达到目的，是微生物实验室玻璃器皿常用的灭菌方法。温度如超过 170℃ 上则器皿外包裹的纸、棉塞可被烤焦，甚至燃烧。

（5）干烤玻璃器皿时，温度应为 120℃ 左右，持续 30 min，并打开顶部气孔，以利水蒸气散出。箱内如装有鼓风设备可加速干燥。

（6）灭菌完毕，不能立即开门取物，须关闭电源，注意不要触碰箱体，避免烫伤。应待温度下降至 50℃ 以下再开门取物，否则玻璃器皿因骤冷易爆裂，注意安全。

四、压力蒸汽灭菌器

压力蒸汽灭菌器俗称高压灭菌器，主要用于实验材料与器具的消毒灭菌和感染性废物的去污染，其也是实验室（特别是生物安全实验室）必需的物理消毒设备。压力蒸汽灭菌器具有灭菌效果可靠、快速、稳定、方便等特点，是一种物理灭菌方法。根据压力蒸气灭菌器冷空气排放方式的不同，可将其分为重力置换式蒸汽灭菌器和预真空压力蒸汽灭菌器两大类。预真空压力器分为预真空压力灭菌器和脉动真空压力灭菌器。根据灭菌器容积的大小又可以将其分为大型压力灭菌器和小型压力灭菌器（不超过60 L的属于小型压力蒸汽灭菌器）。根据压力蒸灭菌器的形状特征又可将其分为立式、卧式、台式、移动式压力灭菌器。

1. 压力蒸汽灭菌器原理

热力对细胞壁和细胞膜的损伤，以及对核酸的作用均可导致微生物的死亡。热力主要使微生物蛋白质发生凝固而导致其死亡。压力蒸汽灭菌器正是利用湿热杀灭微生物的原理而设计的。压力蒸汽灭菌的关键是为热的传导提供良好条件，其中最重要的是使冷空气从灭菌器中排出。因为冷空气导热性差，阻碍蒸汽接触待灭菌物品，并且还减低蒸汽分压使之不能达到应有的灭菌温度。

（1）重力置换式压力灭菌器

重力置换式压力灭菌器利用重力置换的原理，使热蒸汽在灭菌器中从上而下，将冷空气由下排气孔排出，排出的冷空气由饱和蒸汽取代，利用蒸汽释放的潜热使物品达到灭菌。一般培养基即用高压蒸汽灭菌法。湿热的穿透力比干热大且湿热的蒸汽有潜热存在，能迅速提高被灭菌物体的温度，湿热中细菌菌体吸收水分蛋白质较易凝固。因此，同一温度下，湿热的杀菌效力比干热强。一般培养基、玻璃器皿、无菌水、无菌缓冲液、药品、纱布、敷料、手术器械、隔离衣、金属用具、橡皮用具均可采用此法灭菌。

高压蒸汽灭菌法是把待灭菌物品放在一个密闭的高压蒸汽灭菌锅中，通过加热，使灭菌锅内的水沸腾而产生蒸汽。待水蒸气将锅内的冷空气驱尽，关闭排气阀，继续加热，此时由于蒸汽不能溢出，而增加了灭菌锅内的压力，从而使锅内水的沸点增高，达到高于100℃的温度，导致菌体蛋白质凝固变性而达到灭菌的目的。当锅内压力为0.1 MPa时，温度可达到121.3℃，一般维持20 min，即可杀死一切微生物的繁殖体及其孢子（或芽孢）。

现法定压力单位已不用磅和kgf/cm^2表示，而是用Pa或bar表示，其换算关系为：

1 kgf/cm^2 = 98 066.5 Pa，1 lbf/in^2 = 6 894.76 Pa，1 bar = 0.1 MPa。

一般培养基高压蒸汽灭菌用0.1 MPa（相当于14.5 lbf/in^2或1.02 kgf/cm^2）温度可达121.3℃，15~30 min可达到彻底灭菌的目的。

（2）预真空压力灭菌器

预真空压力灭菌器利用机械抽真空的方法使灭菌器内形成负压，蒸汽得以迅速穿透到物品内部进行灭菌。根据抽真空次数的多寡，该类灭菌器分为预真空式和脉动真空式两种。后者多次反复抽真空，空气排除更彻底，效果更可靠。

灭菌器可以在蒸汽进入前使空气从灭菌器排出。气体是通过一个装有HEPA过滤器的排气阀排出。在灭菌结束时，蒸汽自动排出。预真空式压力蒸汽灭菌器对于多孔性物品的灭菌很理想，但由于要抽真空而不能用于液体的压力蒸汽灭菌。预真空式压力蒸汽灭菌器温度可达132~135℃，具有灭菌周期短、效率高、完成整个灭菌周期只需25 min；冷空气排除较彻底，对物品的包装、摆放要求较宽,而且真空状态物品不易氧化损坏的特点。该类灭菌器对柜体密封性要求较高,存在小装量效应,即欲灭菌物品放得过少,灭菌效果反而较差。

2. 重力置换式压力蒸汽灭菌器的构造简介

高压蒸汽灭菌器是一个能耐高压、同时可以密闭的金属锅。图1-2-4为目前国产直立式压力蒸汽灭菌器主体结构示意图。

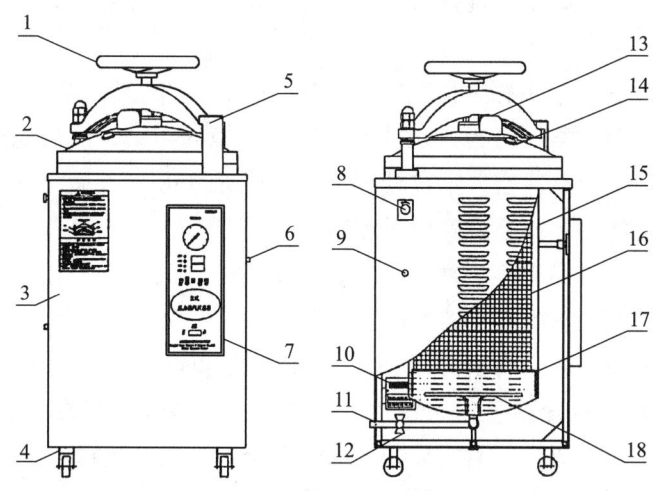

图1-2-4 国产直立式压力蒸汽灭菌器主体结构

1. 手轮;2. 容器盖;3. 箱体;4. 脚轮;5. 锁紧机构;6. 安全阀;7. 控制面板;8. 手动放气阀;9. 排气口;10. 电气系统;11. 排水口;12. 放水阀;13. 自锁装置;14. 测试口;15. 容器筒;16. 灭菌网篮;17. 挡水板;18. 灭菌电加热器

压力蒸汽灭菌器其结构为一双层金属圆筒,两层之间盛水,外壁坚厚。其上方或前方有金属厚盖,厚盖上装有螺旋,借以紧闭盖门,使蒸汽不能外溢,因而器内蒸汽压力可升高,随之其温度也相应增高。器上装有排气门、安全活塞,用以调节器内蒸汽压力与温度,保障安全;还装有温度计与压力表,以显示内部温度和压力。为了安全起见,目前压力蒸汽灭菌器大多增加了手轮,温度和灭菌时间由电脑板设置完成比较方便。

3. 操作规程

使用压力蒸汽灭菌器灭菌一般可按下列操作步骤,按照厂家说明书进行。有些下排式压力蒸汽灭菌器的操作程序已经变为自动程序,灭菌可以自动完成。

(1)用时须加适量水至器内,放入待灭菌物品后,将器盖好并将螺旋拧紧。

(2)用煤火或电等加热,待器内压力升至3.57 kPa(0.35 kg/cm^2)时,开放排气管,使器内冷空气完全逸出后再关闭,否则压力表上所示压力并非全部蒸汽压,灭菌将不完全。

(3)待器内蒸汽压力上升至0.1 MPa,温度121.3℃时开始计算时间,持续15~30 min,即达到灭菌目的。

（4）灭菌完毕严禁立即开盖取物，须关闭电源或蒸汽阀门，并待其压力自然下降至零时，方可开盖，否则容易发生危险。也不可突然打开排气门减压，以免因器内压力骤然下降而瓶内液体沸腾，冲出瓶外。

4. 注意事项

（1）重力置换式压力蒸汽灭菌器适用于耐湿、耐热的器械、器具和物品的灭菌。不耐高热高压的物品不能用此法灭菌。此法也不适合凡士林等油类和粉剂的灭菌。

（2）此类灭菌器用于感染性废物灭菌时，存在安全隐患。因为普通的压力蒸汽灭菌器在设计时一般不考虑排出的冷空气对环境的污染，但是处理感染性物品时，在排气管道上应有冷空气消毒处理装置，比如BSL-2实验室即使用这种装有冷空气消毒装置的生物安全型高压灭菌器。

（3）放入灭菌物品时不要塞得过紧，包裹不应过大。重力置换式灭菌器的装载量一般不超过其柜室内容量的80%。

（4）装载前要检查锅内水位，水位应至隔板位置。

（5）蒸汽灭菌器开始工作时使用者不要离开，注意观察仪器的运行是否正常，是否盖子关闭不严。若漏气会烧干锅内水分，烧毁电热管。

（6）卸载取灭菌物品时一定要等蒸汽全部排出，压力降为零后才能打开排气阀放气取物。切勿急于排气，人为降压。否则会造成已灭菌的液体重新沸腾喷射出，造成人员受伤、灭菌失败和物品损失。

5. 压力蒸汽灭菌器灭菌效果评价

消毒和灭菌效果监测按照GB/T 15981—2021《消毒器械灭菌效果评价方法》、WS 310.2—2016《医院消毒供应中心 第3部分：清洗消毒及灭菌效果监测标准》等标准执行。

（1）生物验证

生物验证是指用生物指示菌（嗜热脂肪杆菌ATCC 7953或SSIK31）芽孢进行压力灭菌效果评价的方法。将两个嗜热脂肪杆菌芽孢菌片分别放入灭菌小纸袋内，置于标准试验包中心部位。灭菌柜室内，上、中层中央和排气口处各放置一个标准试验包［或手提压力蒸汽灭菌器用通气贮物盒（22 cm×13 cm×6 cm）代替标准试验包，盒内盛满中试管，指示菌片放于中心部位两只灭菌试管内（试管口用灭菌牛皮纸包封），将盆平放于手提压力蒸汽灭菌器底部］。经一个灭菌周期后，在无菌条件下，取出标准试验包（或通气贮物盒中的指示菌片），投入溴甲酚紫葡萄糖蛋白胨水培养基中，56℃培养48 h，观察培养基颜色变化。同次检测中，标准试验包或通气贮物盒内，每个指示菌片接种的培养基全部不变色，判定为灭菌合格。指示菌片接种的培养基由紫色变为黄色时，判定为灭菌不合格。

（2）化学指示法

化学指示法是指根据化学指示卡在饱和蒸汽作用下所产生的颜色变化，与灭菌合格标准色的吻合情况，作为判断灭菌是否合格的依据。一般来说，在物品包外用化学指示胶带，可作为物品是否经过灭菌的判定标志。在物品包内中心部位用化学指示剂，可作为物品是否灭菌的参考标志。化学指示剂的颜色变为与灭菌合格标准色相同时可作为灭菌合格的参考标准。需要注意的是操作中，除了观察化学指示剂在到达灭菌要求温度和时间时是否变为合格颜色外，还必须观察其未达到灭菌要求温度和时间时是否提前变成合格颜色。

灭菌效果检测时，应每次运用压力蒸汽灭菌化学指示卡检测灭菌效果。每年至少进行一次生物效果检测（生物指示剂：嗜热脂肪杆菌芽孢）。

五、普通光学显微镜

显微镜是生命科学研究的重要仪器之一，对生物医学的发展起着重要的推动作用。现在的光学显微镜可把物体放大 1 500 倍，分辨的最小极限达 0.2 μm（1 μm 相当于头发丝的几十分之一）。显微镜的发明，使人发现了许多以前从未看到过的生物，如细菌、病毒等，也使人看到了生物的许多微小结构，如线粒体的结构。19 世纪末细菌学的建立就有赖于显微镜的使用，此时期许多重要的病原微生物相继被发现，如汉森发现了麻风分枝杆菌，耶尔森发现鼠疫杆菌，埃伯特发现伤寒菌，科赫发现炭疽杆菌和结核杆菌，梅奇尼科夫发现了吞噬细胞和吞噬作用等。在实验室中，显微镜有普通光学显微镜、暗视野显微镜、相差显微镜、荧光显微镜和电子显微镜等，其中最常用的是普通光学显微镜，以下对其进行简要介绍。

1. 普通光学显微镜的原理

显微镜物象是否清楚不仅决定于放大倍数，还与显微镜的分辨力（resolution）有关。分辨力是指显微镜（或人的眼睛距目标 25 cm 处）能分辨物体最小间隔的能力，分辨力的大小决定于光的波长和数值孔径率及介质的折射率，用公式表示为：

$$R = 0.61\lambda / NA \qquad NA = n \times \sin \alpha/2$$

式中，R 为可辨别的两点间最小距离，λ 为光波波长，n 为介质折射率，α 为镜口角（标本对物镜镜口的张角），NA 为数值孔径（numerical aperture）。镜口角总是要小于 180°，所以 $\sin \alpha/2$ 的最大值必然小于 1。缩短使用的光波波长或增加数值孔径可以提高分辨率，可见光的光波幅度比较窄，紫外光波长短可以提高分辨率但不能用肉眼直接观察。所以，利用减小光波长来提高光学显微镜分辨率是有限的，提高数值孔径是提高分辨率的理想措施。要增加数值孔径，可以提高介质折射率，不同介质的折射率见表 1-2-1。当空气为介质时折射率为 1，而香柏油的折射率为 1.515，和载片玻璃的折射率（1.52）相近，这样光线可以不发生折射而直接通过载片、香柏油进入物镜，从而提高分辨率。

表 1-2-1　光在不同介质中的折射率

介质	空气	水	香柏油	α-溴萘
折射率	1	1.33	1.515	1.66

2. 普通光学显微镜的构造

普通光学显微镜是由机械系统和光学放大系统两部分组成，其结构见示意图 1-2-5。

（1）机械系统

机械系统一般包括镜筒、物镜转换器、镜台、镜臂和底座等，用于固定材料和使观察方便。

（2）光学放大系统

光学放大系统一般包括照明系统和光学放大系统两部分。

1）照明系统

照明系统包括光源和聚光器。

2）光学放大系统

光学放大系统由物镜和目镜组成，是显微镜的主体，为了消除球差和色差，目镜和物镜都由复杂的透镜组构成。

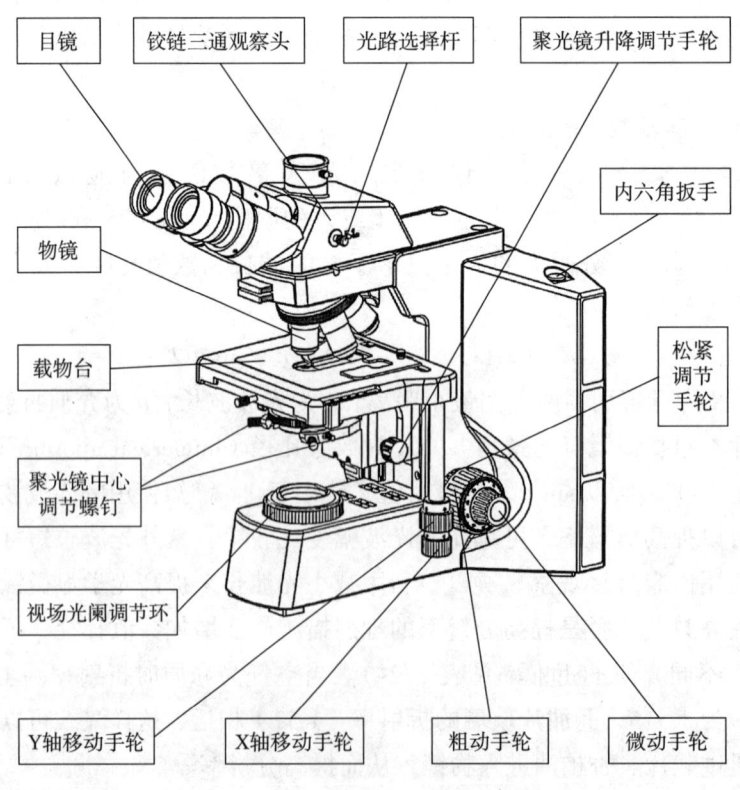

图 1-2-5　普通光学显微镜结构

目前市场上一些显微镜增加摄像装置和数码观察头，通过相应的视频采集分析软件进行观察和拍照。

标本的放大主要由物镜完成，物镜放大倍数越大，它的焦距越短。焦距越小，物镜的透镜和玻片间距离（工作距离）也小。油镜的工作距离很短，使用时需格外注意。目镜只起放大作用，不能提高分辨率，标准目镜的放大倍数是十倍。聚光镜能使光线照射标本后进入物镜，形成一个大角度的锥形光柱，因而对提高物镜分辨率很重要。聚光镜可以上下移动，以调节光的明暗，可变光阑（虹彩光圈）可以调节入射光束的大小。

显微镜用光源，自然光和灯光都可以，以灯光较好，因光色和强度都容易控制。一般的显微镜可用普通的灯光，质量高的显微镜要用显微镜灯，才能充分发挥其性能。有些情况下需要很强照明，如暗视野照明、摄影等，常常使用卤素灯作为光源。

3. 操作规程

（1）取镜和放置

取镜时应右手紧握镜臂，左手托住镜座取出（禁止单手提显微镜，防止目镜从镜筒滑落），轻轻放置桌边。位置一般在身体的前面略偏左，镜臂在后，距桌边 7~10 cm 处，以便观察。

（2）低倍镜观察

先将低倍物镜的位置固定好，然后放置标本片，转动反光镜，调好光线，将物镜提高，向下调至看到标本，再用细调对准焦距进行观察。除少数显微镜外，聚光镜的位置都要放在最高点。如果视野中出现外界物体的图像，可以将聚光镜稍微下降，图像就可以消失。聚光镜下的虹彩光圈应调到适当的大小，以控制射入光线的量，增加明暗差。

（3）高倍镜观察

显微镜的设计一般是共焦点的。低倍镜对准焦点后，转换到高倍镜时基本上也是对准焦点的，只要稍微转动微调即可。有些简易的显微镜不是共焦点，或者是由于物镜的更换而达不到共焦点，就要将高倍物镜下移，再向上调准焦点。虹彩光圈要放大，使之能形成足够的光锥角度。稍微上下移动聚光镜，观察图像是否清晰。

（4）油浸镜观察

油浸镜的工作距离很小，所以要防止载玻片和物镜上的透镜损坏。使用时，一般是经低倍镜、高倍镜到油浸镜。当高倍物镜对准标本后，再加油浸镜观察。载玻片标本也可以不经过低倍和高倍物镜，直接用油浸镜观察。显微镜如有自动止降装置的，载玻片上加油以后，将油浸镜下移到油滴中，到停止下降为止，然后用微调向上调准焦点。没有自动止降装置的，对准焦点的方法是从显微镜的侧面观察，将油浸镜下移到与载玻片稍微接触为止，然后微调向上提升调准焦点。

使用油浸镜时，镜台要保持水平，防止油流动。油浸镜所用的油要洁净，聚光镜要提高到最高点，并放大聚光镜下的虹彩光圈，否则会降低数值孔径而影响分辨率。无论是用油浸镜观察还是高倍镜观察，都宜用可调节的显微镜灯作光源。

（5）个人防护

标本观察完后，移去观察的载玻片标本。如果是具有感染性的活体标本，应进一步消毒灭菌处理。注意不要沾染，做好防护。

（6）普通显微镜的维护

显微镜是精密贵重仪器，必须做好保养。显微镜用完后要放回原来的镜箱或镜柜中，同时要注意下列事项。

1）搬动显微镜时应用右手握住镜臂，左手托住底座，使镜身保持直立，并紧靠身体左胸下部，切忌单手拎提，避免磕碰和镜头滑落。

2）各镜头的保护最为重要。镜头要保持清洁，只能用软而没有短绒毛的擦镜纸擦拭。擦镜纸要放在纸盒中以防沾染灰尘。切忌用手指、手绢或纱布等粗糙东西擦镜头，易磨损镜面。

3）用过油浸镜的，应先用擦镜纸将镜头上的油擦去，再用擦镜纸蘸无水乙醇擦拭2~3次，立即再用擦镜纸将无水乙醇擦去。无水乙醇用量要少，不宜久抹，以防止溶解胶粘透镜的树脂，使透镜脱落。

4）转动物镜转换器使其呈"八"字式，缓慢下降镜筒，使物镜搁在镜台上，调节好镜台上标本移动器的位置，将聚光器降到最低位置、反光镜转为垂直状，罩上防尘套。

5）去除玻片标本上的香柏油时，先加2~3滴无水乙醇于标本片上溶解香柏油，用毛边纸轻压吸去无水乙醇和香柏油。将玻片放回标本盒。

6）显微镜的目镜、物镜、聚光镜和反光镜等光学部件必须保持清洁，防止长霉。镜检时通过转动目镜、物镜及调整焦距等措施，判断灰尘或污脏所在的部位，如附有灰尘，则先用洗耳球吹去灰尘，或用擦镜纸或脱脂棉球蘸无水乙醚和无水乙醇（比例为7∶3）的混合液轻轻擦拭，然后用擦镜纸擦干。

7）显微镜的金属油漆部件和塑料部件，可用软布蘸中性洗涤剂进行擦拭，不要使用有机溶剂。

8）显微镜应放置在通风、干燥、灰尘少、不受阳光直接暴晒的地方。显微镜不使用时，应使用有机玻璃或塑料布防尘罩将其罩起来，也可套上布罩后放入显微镜箱内或显微镜柜内，并在箱或柜内放置干燥剂。

思 考 题

1. 请简略叙述微生物学实验室主要设备（隔水式培养箱、超净工作台、电热恒温干燥箱等）使用的注意事项。

2. 用油镜观察时应注意哪些问题？在载玻片和镜头之间为什么要滴加油？应滴何种油？

3. 试述影响显微镜分辨率的 3 个因素。

附：其他光学显微技术

1. 荧光显微镜

细胞中有些物质，如叶绿素等，受紫外线照射后可发荧光。另有一些物质，本身虽不能发荧光，但如果用荧光染料或荧光抗体染色后，经紫外线照射也可发荧光。荧光显微镜就是对这类物质进行定性和定量研究的工具之一。荧光显微镜和普通光学显微镜有以下区别。

（1）荧光显微镜照明方式通常为落射式，即光源通过物镜投射于样品上。

（2）荧光显微镜光源为紫外线，波长较短，分辨力高于普通光学显微镜。

（3）荧光显微镜有两个特殊的滤光片，光源前的滤光片用于滤除可见光，目镜和物镜之间的滤光片用于滤除紫外线，以保护人目。

2. 激光共聚焦扫描显微镜

激光共聚焦扫描显微镜用激光作扫描光源，逐点、逐行、逐面快速扫描成像，扫描的激光与荧光收集共用一个物镜，物镜的焦点即扫描激光的聚焦点，也是瞬时成像的物点。由于激光束的波长较短，光束很细，所以共焦激光扫描显微镜有较高的分辨力，其分辨力大约是普通光学显微镜的 3 倍。系统经一次调焦，扫描限制在样品的一个平面内。调焦深度不一样时，就可以获得样品不同深度层次的图像，这些图像信息都储于计算机内，通过计算机分析和模拟，就能显示细胞样品的立体结构。激光共聚焦扫描显微镜既可以用于观察细胞形态，又可用于细胞内生化成分的定量分析、光密度统计及细胞形态的测量等。

3. 暗视野显微镜

暗视野显微镜的聚光镜中央有挡光片，使照明光线不直接进入物镜，只允许被标本反射和衍射的光线进入物镜，因而视野的背景是黑的，物体的边缘是亮的。利用这种显微镜能见到小至 4~200 nm 的微粒子，分辨率可比普通光学显微镜高 50 倍。

4. 相差显微镜

相差显微镜由荷兰物理学家 Zernike 于 1932 年发明，他因此获得 1953 年诺贝尔物理学奖。相差显微镜最大的特点是可以观察未经染色的标本和活细胞。其基本原理是把透过标本的可见光的光程差变成振幅差，从而提高了各种结构间的对比度，使各种结构变得清晰可见。光线透过标本后发生折射，偏离了原来的光路，同时被延迟了 $1/4\lambda$（波长），如果再增加或减少 $1/4\lambda$，则光程差变为 $1/2\lambda$，两束光合轴后干涉加强，振幅增大或减小，提高反差。

5. 偏光显微镜

偏光显微镜用于检测具有双折射性的物质，如纤维丝、纺锤体、胶原、染色体等。和普通显微镜不同的是，偏光显微镜的光源前有偏振片（起偏器），使进入显微镜的光线为偏振光，镜筒中有检偏器（一个偏振方向与起偏器垂直的起偏器）。这种显微镜的载物台是可以旋转的，当载物台上放入单折射的物质时，无论如何旋转载物台，由于两个偏振片是垂直的，显微镜里看不到光线。放入双折射性物质时，由于光线通过这类物质时发生偏转，因此旋转载物台便能检测到这种物体。

6. 微分干涉差显微镜

1952年，法国物理学家Nomarski在相差显微镜原理的基础上发明了微分干涉差显微镜。该显微镜又称Nomarski相差显微镜，其优点是能显示结构的三维立体投影影像。与相差显微镜相比，其标本可略厚一点，折射率差别更大，故影像的立体感更强。微分干涉差显微镜使细胞的结构，特别是一些较大的细胞器，如核、线粒体等，立体感特别强，适合显微操作。目前像基因注入、核移植、转基因等技术的显微操作常在这种显微镜下进行。

7. 倒置显微镜

倒置显微镜的组成和普通显微镜一样，只不过其物镜与照明系统颠倒，前者在载物台之下，后者在载物台之上。该显微镜用于观察培养的活细胞，具有相差物镜。

（李佩珍　曾爱兵）

第二章
基础性实验

实验一 无菌操作、细菌接种

在微生物学的研究应用中，不仅需要通过分离纯化技术从混杂的天然微生物群中分离出特定的微生物，而且还必须随时注意防止其他微生物的混入。在分离、转接及培养纯培养物时，防止培养物被其他微生物污染的技术称为无菌技术（aseptic technique），这是保证微生物学研究正常进行的关键。

微生物接种技术是生物科学研究中最基本的操作技术。由于打开器皿就可能引起器皿内部被环境中其他微生物污染，因此微生物实验的所有操作均应在无菌条件下进行（要在火焰附近进行熟练的无菌操作）。涉及高致病性病原微生物时需在相应生物安全等级的实验室进行。属于第三类肠道致病菌的大量活菌培养时，可选择在BSL2级实验室生物安全柜的环境下进行操作并做好相关防护工作。

根据不同的实验目的及培养方式，细菌接种可以采用不同的接种工具和接种方法。常用的接种工具如接种针、接种环、接种铲、无菌玻璃涂棒、无菌移液管、无菌滴管或移液枪等。接种环、接种针一般采用易于迅速加热和冷却的镍铬合金等金属制备，使用时用火焰灼烧灭菌。常用的接种方法有斜面接种、液体接种、半固体穿刺接种、平板接种等。

一、实验目的

1. 学会将混杂的多种微生物分离成纯种。
2. 学会在多种培养基上接种、移植和培养。
3. 掌握无菌操作技术。
4. 熟悉细菌在培养基上的生长规律及菌落形态。
5. 了解细菌人工培养条件和培养方法。

二、实验内容

1. 接种工具的准备。
2. 无菌操作技术。
3. 斜面接种、液体接种、半固体穿刺接种和平板分区划线接种。

三、实验材料和用具

1. 菌种
（1）大肠埃希菌（*Escherichia coli*）（18～24 h 斜面培养物），1 支/组。
（2）腐生葡萄球菌（*Staphylococcus saprophyticus*）（18～24 h 斜面培养物），1 支/组。
（3）枯草芽孢杆菌（*Bacillus subtilis*）（18～24 h 斜面培养物），1 支/组。
（4）腐生葡萄球菌、大肠埃希菌（18～24 h 肉汤培养物混合物），1 支/组。
2. 用具
接种环、接种针、防爆酒精灯、打火机、记号笔、试管架。
（1）接种环的制作
从标本或培养物中取材时，必须使用接种环。接种环是采用一段长 4～5 cm 白金丝或硬度适中的镍铬合金丝或电阻丝，安置在一金属棒或玻璃棒上制成。接种环要求闭合能蘸取液体满环。在平板分离划线或液体标本取样时常用接种环。
（2）接种针的制作
金属棒或玻璃棒上直接安放金属丝拉直无环者称接种针。在穿刺或生化反应管接种时常用接种针。
3. 培养基
（1）牛肉膏蛋白胨琼脂平板培养基，2 块/组。
（2）牛肉膏蛋白胨液体培养基（肉膏汤），3 支/组。
（3）牛肉膏蛋白胨固体斜面培养基，2 支/组。
（4）半固体牛肉膏蛋白胨高层培养基，2 支/组。
4. 仪器
电热恒温培养箱。

四、实验方法

1. 无菌技术操作要点
细菌学检验必须采用无菌技术或无菌操作，以防止外界微生物的污染和病原菌的扩散。
（1）接种环（针）使用前后均应经火焰灭菌处理
1）接种前灭菌
手持接种环（针）的绝缘端，将金属丝直立于火焰外焰渐渐下移，使之烧红以达到快速灭菌的效果，再平持接种环（针），将金属柄往返火焰中通过3次灭菌，待冷却后使用。

2）接种后灭菌

接种完毕后立即将染菌的金属丝在火焰内焰中加热，烤干环（针）端附着的细菌或标本，然后再移到外焰中灼烧至通红灭菌，最后将金属柄往返火焰中通过3次。若直接将环（针）在外焰中燃烧，特别是沾有液体的标本易向四周飞溅形成气溶胶，有污染环境或引起感染的危险。用完后的接种环（针）切忌随手弃置，以免烫伤、灼焦台面或其他物体，应将其固定摆放。

（2）打开试管和烧瓶前后均应经火焰处理

凡打开或关闭试管和烧瓶时，管口和瓶口应通过火焰2~3次，以杀灭可能吸附于管口或瓶口的细菌。开启后，试管和烧瓶应尽量靠近火焰，且瓶口部切忌向上和长时间暴露于空气中。操作时，不可造成含菌材料污染台面和其他物体。取样无菌操作过程如图2-1-1所示。

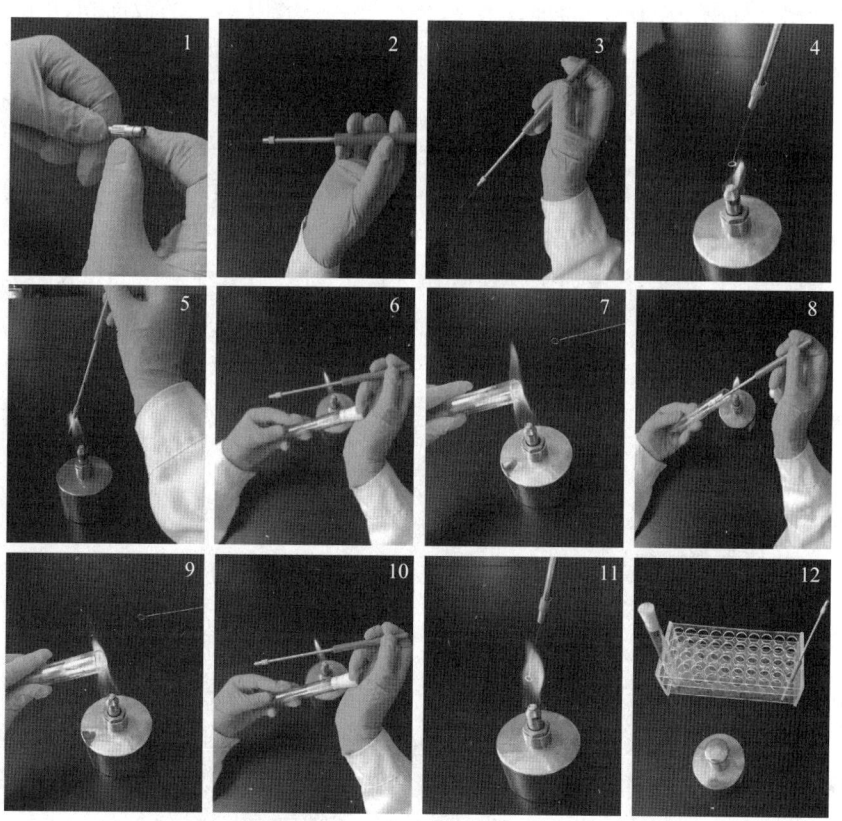

图2-1-1 取样无菌操作过程

1. 接种环制作；2. 合格闭合的环可以蘸取满环液体；3. 正确的持棒方式为握笔式（如持毛笔）；4. 接种前接种环需灭菌；5. 烧灼接种棒固定环上部；6. 持试管做拔塞动作；7. 取样前试管口过火焰3次灭菌；8. 取样时试管口靠近酒精灯操作；9. 取样后试管口再过火焰灭菌；10. 塞回试管塞避免接触试管上部，防止烫伤；11. 接种后接种环彻底灭菌；12. 关闭酒精灯，归位

2. 琼脂平板分区划线分离法

以 4 区划线为例。每组接种 2 块固体琼脂平皿，一块接种固体培养物上的腐生葡萄球菌，另一块接种腐生葡萄球菌、大肠埃希菌 18～24 h 肉汤培养物混合物，观察生长现象并进行结果描述。

（1）做标记

在平板底部上做好标记（日期、菌种、操作者姓名或操作者学号）。

（2）取样本

右手持接种环、左手持肉汤管，在酒精灯火焰上烧灼接种环，烧至金属柄，待冷，用右手小指拔出试管塞，试管口过火焰后取一环混合菌液，试管口再次过火焰后塞回塞子，将肉汤管放回试管架上。

（3）握笔式持棒第一区划线

左手抓握起平板，在靠近酒精灯火焰处打开盖子。右手持沾菌接种环，在平板表面上端来回划线涂成一薄膜（第 1 区，小于平板面积的 1/4。若分 3 区，第 1 区应小于平板面积的 1/3；同理，若分 5 区，第一区应小于平板面积的 1/5），划线时接种环与琼脂表面成 30°～40°，用腕力或指力轻轻带动来回滑动密集划线，切忌划破琼脂。

（4）以正确动作划完其余各区

烧灼接种环，杀死环上剩余的细菌，待冷。将平板顺时针转一小角度，将环通过第 1 区 3～4 次，然后不通过第 1 区 3～4 次作连续划线为第 2 区，两区之间夹角 90°～120°，以此类推划第 3 区和第 4 区。划线的原则要求：每区之间 3～4 条线相交，3～4 条线不相交；线条密而不重叠；1～2 区划线不超过平板 1/4，分布合理直至琼脂平面基本划满线且各区划线与平板边缘距一定间隙，避免接触到冷凝水易造成污染。

（5）培养

倒置平板 37℃培养箱中培养 18～24 h。

（6）动作示例和评判

平板分区划线分离法是最常见的细菌接种基本方法，特别强调规范操作。分区划线分离法常见的不规范操作如图 2-1-2 中 1 至 6 所示，图中 7、8 为规范操作。

同理，取固体培养物上的菌种，进行分离划线。一般可采用 3～5 区分离划线方法。相对来说，液体标本菌量较小，一般采用 3～4 区分离划线即可得到较多单个菌落；对于固体培养物或菌量较多的标本，可采用 4 区甚至 5 区分离划线，以便得到更多单个菌落，达到彻底分离细菌的目的。

3. 琼脂平板连续划线法

同分区划线分离法前两步，直接连续划线布满整个平板即可。

4. 琼脂斜面接种法

每组接种 2 支牛肉膏蛋白胨固体琼脂斜面，分别接种腐生葡萄球菌、大肠埃

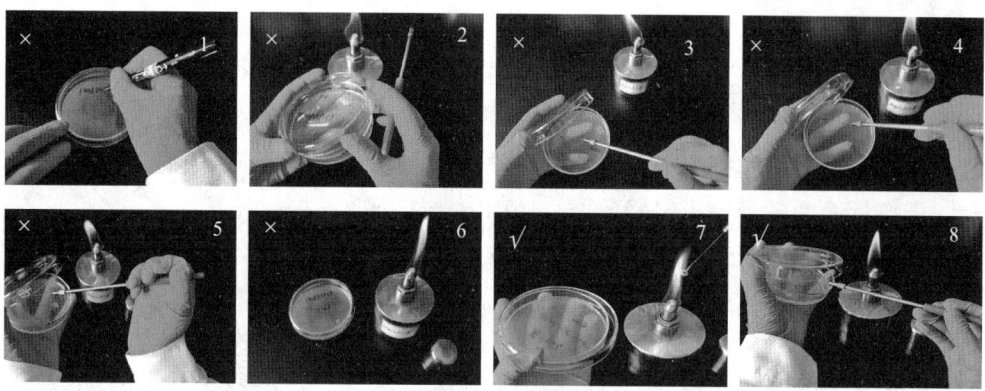

图 2-1-2 平板划线动作

1. 记号习惯标记在皿盖上；2. 双手开盖；3. 开口过大，远离酒精灯操作；4. 接种角度过大，划破琼脂；5. 动作机械生硬，手指手腕不灵活；6. 接种结束后，不及时关闭酒精灯。7. 划好 1 区后，单手小角度转动平板。可以烧灼接种环上剩余的细菌；8. 接种环平放于培养基形成大概 30°~40°；以腕力或指力轻轻来回滑动密集划线，动作灵活轻巧

希菌，观察生长现象并描述。

（1）标记

在待接种的琼脂斜面试管上做好标记。取琼脂斜面 1 支和腐生葡萄球菌、大肠埃希菌斜面培养物。将菌种和待接种斜面的两支试管用大拇指和其他四指握在左手中，使中指位于两试管之间部位，斜面向上，并使它们位于水平位置。

（2）拔塞子

左手拇指、食指、中指及无名指分别握持菌种管和琼脂斜面。先用右手将硅胶塞旋松，以便接种时拔出。右手持接种环烧灼灭菌后，以右手小指及无名指拔取试管塞，管口过火焰灭菌。

（3）斜面划线接种

在管壁上稍稍冷却，用接种环刮取少许斜面培养物，在待接种斜面中央自下而上划一直线，然后再自下而上来回连续划线至斜面顶端。如图 2-1-3 所示。

（4）接种后试管口过火焰

试管口过火焰来回 2~3 次，塞好试管塞后放回试管架，接种环灭菌后放回原处。37℃培养 24 h 后，观察斜面菌苔生长情况。

以同样的方法，用接种针取斜面培养物（菌种管）再接种 1 支固体斜面培养基。

5. 肉汤管接种法

每组接种 3 支牛肉膏蛋白胨液体培养基。用接种环或接种针分别取斜面培养物上的腐生葡萄球菌、大肠埃希菌以及枯草芽孢杆菌，接种到液体培养基中，37℃培养，观察生长现象并加以描述。

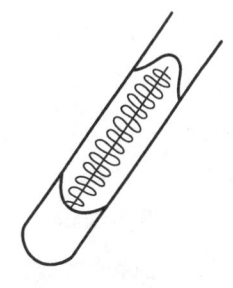

图 2-1-3 琼脂斜面划线接种法

（1）标记

同琼脂斜面接种法，管壁上做好标记。

（2）肉汤接种

无菌操作自斜面取试验菌少许，并插入肉汤管，于接近液面的管壁上轻轻研磨，使菌混合于肉汤中，如图2-1-4所示。接种后，将试管管口通过火焰灭菌，塞好塞子，接种环或针灭菌后放回原处。

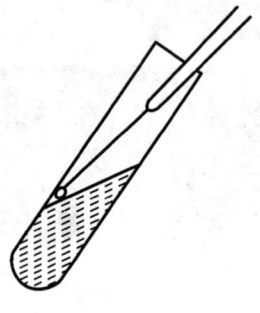

图 2-1-4　肉汤管接种法

（3）培养

37℃孵育24 h，观察并记录细菌生长现象。

6. 半固体穿刺接种法

每组接种2支牛肉膏蛋白胨半固体琼脂，用接种针接种大肠埃希菌和腐生葡萄球菌，观察生长现象并进行结果描述。

（1）管壁上做好标记。

（2）半固体接种

同斜面接种法无菌操作用接种针分别取大肠埃希菌和腐生葡萄球菌少许，将接种针分别刺入两支半固体中央直至近底部（勿触及管底），然后沿原穿刺线退出。如图2-1-5所示。作穿刺接种时，接种针一定直，蘸取菌种后接种要垂直刺入，然后沿原穿刺线将针拔出，否则影响结果观察。接种后，将试管管口通过火焰灭菌，塞好塞子，接种环灭菌后放回原处。

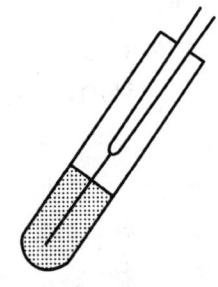

图 2-1-5　半固体穿刺接种法

（3）培养

37℃培养24 h，观察并记录穿刺线上细菌生长情况。

五、实验结果

1. 琼脂平板分区划线分离法

取出平板观察菌落分布情况，注意3~4区是否有两种单个菌落，观察并描述分离的单个菌落的特征。见图2-1-6示例（a、b、c）。

2. 琼脂平板连续划线法

同分区划线分离法前两步，直接连续划线，使菌液布满整个平板即可，如图2-1-7所示。

3. 琼脂斜面培养物

观察生长情况、表面有无菌苔生长，以及观察菌苔的颜色、黏稠度、菌量等的变化。不同细菌经直线接种在营养琼脂斜面上，会出现诸如丝状、带刺状、小

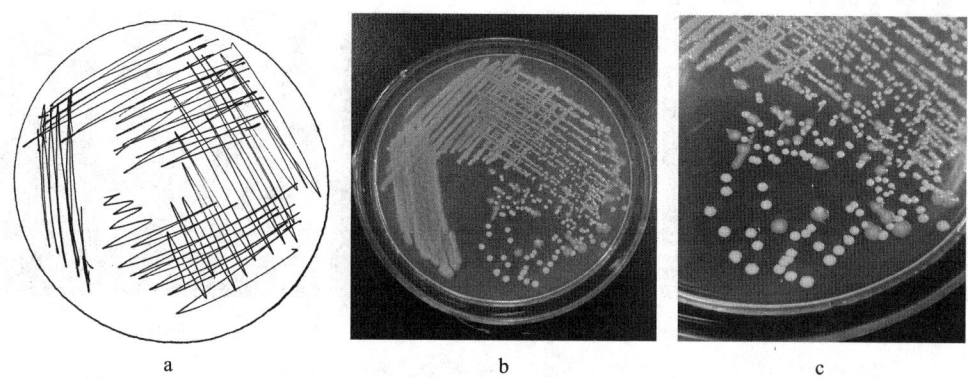

图 2-1-6 平板分区划线法及培养后菌落分布

a. 分区划线示意图；b. 四区划线培养后长出的菌落；c. 仔细辨认有两种不同的菌落

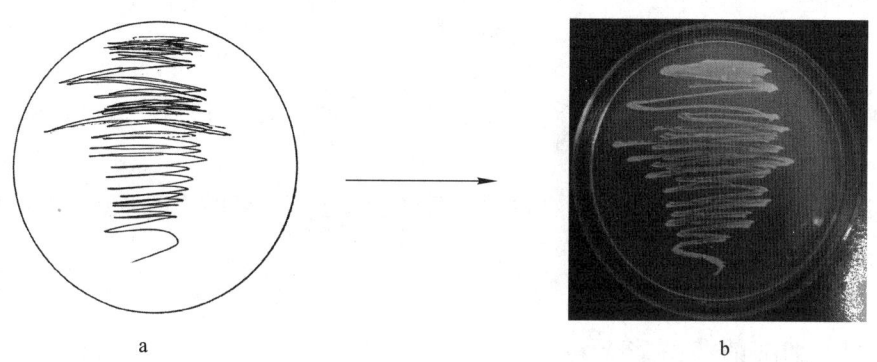

图 2-1-7 连续划线分离法及培养后菌落分布

a. 连续划线示意图；b. 培养后结果

突起状、念珠状、薄膜状、扩展状、树状、假根状等非沿直线生长的各种形态的菌苔。固体斜面培养常供移种纯菌，示例如图 2-1-8（a）。

4. 肉汤培养物

观察有无细菌生长，表面是否出现菌膜，液体中是否有云雾状、混浊，以及有无色素、气体产生，底部是否有沉淀。细菌在液体培养基中静止培养，可出现浑浊、沉淀和菌膜的现象。专性需氧细菌多生长在液体表面，出现絮状、浮膜状或膜状等形态，比如枯草芽孢杆菌；肠杆菌可呈浑浊生长；葡萄球菌有沉淀和浑浊生长，示例如图 2-1-8（b）。液体培养基常用于细菌大量繁殖。

5. 半固体培养物

有动力的细菌除沿穿刺线生长外，可向四周扩散生长，穿刺线模糊或整个半固体混浊。无动力的细菌只能沿穿刺线生长，穿刺线清晰，周围的培养基仍澄清透明。半固体培养基可用以观察细菌的动力及保存菌种，示例如图 2-1-8（c）。

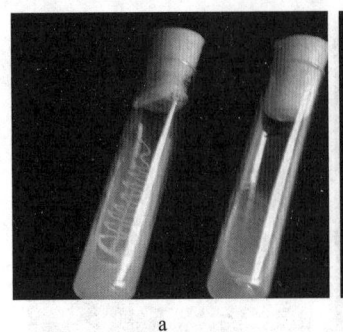 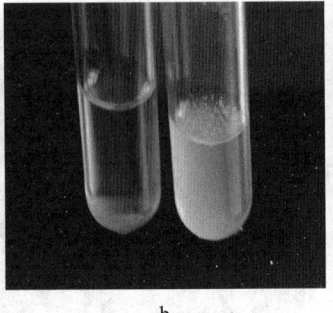 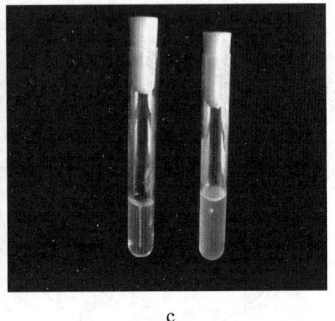

a   b   c

图 2-1-8 细菌在培养基中培养生长特征

a. 固体斜面培养，呈丝状和扩散状生长；b. 液体培养基，出现沉淀、浑浊、菌膜；c. 半固体培养基，出现细菌沿穿刺线生长和扩散生长

思 考 题

1. 何为无菌操作技术？何为接种技术？接种的方法有哪几种？接种应在什么条件下进行？其要点是什么？

2. 假设有一好氧的具有周身鞭毛的菌种，试述其在半固体培养基和液体培养基中的培养特征。

附：细菌的菌落形态观察

菌落形态是指某种微生物在一定的培养基和培养条件下，经一定时间由单个菌体形成的群体形态。菌落形态可因微生物的种类和所用培养基不同而异。每一类微生物在一定培养条件下形成的菌落各具有某些相对的特征，利用这些特征，即可对各大类微生物进行识别、鉴定，方法简便快速，在科研和生产实践中常被采用。本实验主要介绍细菌的菌落特征。

单个细菌由于个体微小，肉眼不可见。但由一个细菌细胞无性繁殖所产生的数以亿计的子细胞聚集在一起形成的群体——菌落，在固体培养基上即可目测到，不同细菌的菌落形态各异。将多个细菌菌体接种在固体琼脂斜面培养基上，形成的细菌群体称为菌苔。

1. 细菌菌落形态描述

观察菌落的大小、表面状况、透明度、色泽、边缘、隆起度、透光性、是否分泌色素等特点，以掌握细菌菌落的形态特征。

描述菌落形态特征的常用术语如下。

（1）大小：直径以 mm 计。

（2）形态：圆形，不规则，扩散形，丝状。

（3）颜色：无色，红色、黄色等各种色泽。

(4)质地：软、硬，湿润，干燥，黏液样，黏土状，颗粒状，膜状。
(5)表面：光滑，粗糙，闪烁的，晦暗的。
(6)透明度：透明，半透明，不透明。
(7)隆起：平坦，隆起，圆顶，脐状。
(8)边缘：整齐，不规则，锯齿状，羽毛状。
(9)气味：无味，恶臭，某种特征性气味等。

2. 细菌菌落示例

见示例图2-1-9。

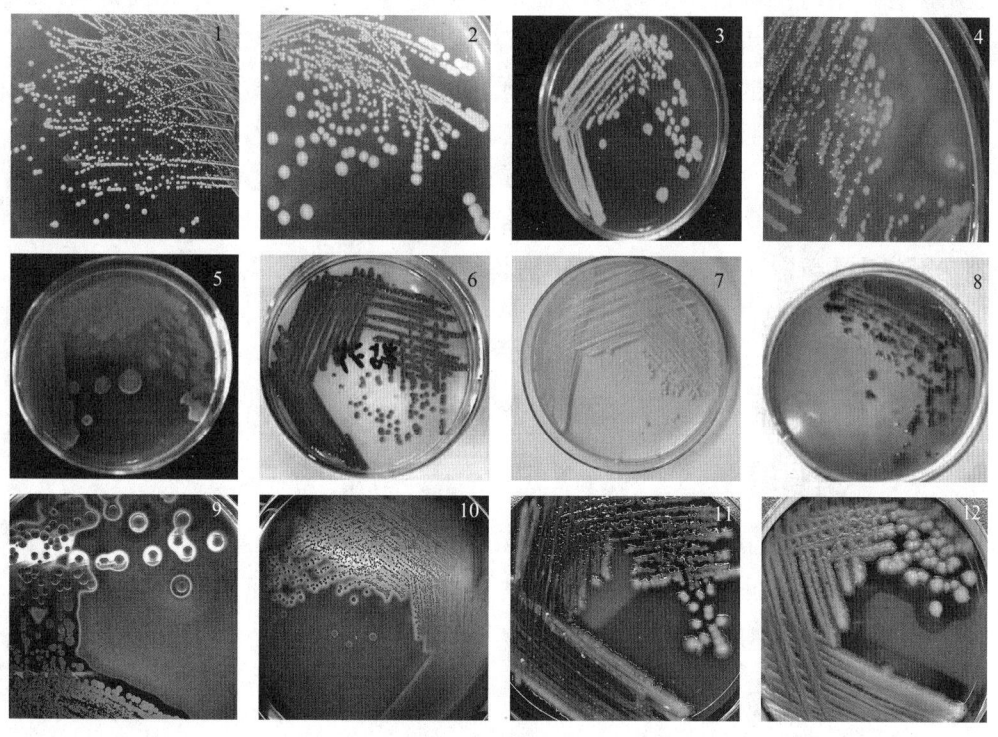

图2-1-9 各种菌落形态

1—2. 普通营养琼脂上大小不一的菌落；3. 边缘不整齐干燥菌落；4. 变形杆菌迁徙现象；5—7. 形成不同色素的菌落；8. S.S选择性培养基上沙门菌和大肠埃希菌形成的不同菌落；9—10. 在血平板上细菌形成的溶血毒素溶解红细胞培养基变透明；11. 有荚膜的肺炎克雷伯菌形成的黏液状菌落；12. 蜡样芽孢杆菌形成的蜡样菌落

例如，金黄色葡萄球菌在固体营养琼脂平板上，经37℃18~24 h培养后，可形成直径大小为1~3 mm的菌落。菌落呈圆形隆起、表面光滑湿润、边缘整齐、不透明，产脂溶性色素。在普通营养琼脂平板上，变形杆菌往往呈扩散状生长，很快形成一片波纹状的薄膜，布满整个平板，称为迁徙生长现象。菌落形态与培养基种类和培养时间有关。

注意观察金黄色葡萄球菌、大肠埃希菌、铜绿假单胞菌、普通变形杆菌、黏质沙雷菌菌落特征,注意它们的区别。

(刘彩霞　曾爱兵)

实验二　细菌涂片及简单染色法、显微镜使用

　　细菌个体很小(1~10 μm),远远低于人肉眼的分辨极限(人眼的正常分辨能力一般为0.25 mm,即250 μm),须用显微镜放大数百倍才能看见。普通光学显微镜分辨率约为0.2 μm(微米),通常用放大100倍的物镜和10倍的目镜,这样就可以将标本放大1 000倍。此能将直径为2 μm大小的物体放大至2.0 mm,使其清晰可见。测量细菌大小的单位一般为μm,不同种类的细菌大小不一。同一种细菌也可因菌龄和环境因素的影响,大小有所差异。大多数球菌直径约为1.0 μm,杆菌长2~3 μm、宽为0.3~0.5 μm。微生物中的细菌,其细胞小、无色半透明,用压滴片或悬滴片在光学显微镜下观察时,菌体和背景没有明显的明暗差,不仅无法看清其形态,更难以识别其结构。因此,需要对菌体进行染色,借助染料使菌体着色,即可清楚地观察到细菌的形状、基本结构(壁、膜、细胞质、核及内容物)及其附属结构(荚膜、鞭毛、芽孢、菌毛等),协助鉴别细菌。因此,染色技术是观察微生物形态的基本技术。

一、实验目的

1. 掌握普通光学显微镜油镜的使用和保养方法。
2. 学习微生物涂片、染色的基本操作技术。
3. 掌握微生物简单染色的基本原理和方法。

二、实验内容

1. 涂片制作及染色。
2. 学习使用油镜。
3. 腐生葡萄球菌、大肠埃希菌、枯草芽孢杆菌简单染色油镜观察。

三、实验材料和用具

1. 菌种
(1)腐生葡萄球菌(18~24 h固体培养物),1支/组。
(2)大肠埃希菌(18~24 h液体培养物、固体培养物),1支/组。
(3)枯草芽孢杆菌(5天固体培养物),1支/组。
2. 用具
试管架、防爆酒精灯、打火机、接种环、载玻片、记号笔、洗液瓶、吸水

纸、生理盐水、香柏油、无水乙醇、擦镜纸。

3. 染色液

（1）石炭酸复红染液。

（2）亚甲蓝染液。

4. 仪器

普通光学显微镜。

四、实验方法

1. 取样

无菌取样操作参照本章实验一。

2. 制片染色

涂片制作好坏直接影响对细菌染色性、形态和排列情况的观察结果，所以染色之前制作一张符合要求的涂片很关键。涂片的制作和固定见图2-2-1。

（1）涂片

取一张清洁无油脂的载玻片，做好标记。在玻片近中央加上一小环生理盐水（如系液体培养物可不加盐水，直接用接种环蘸取菌液一环），用灭菌的接种环取菌落少许，与生理盐水混匀，涂布成直径约10 mm的均匀薄膜，然后立即将接种环烧灼灭菌。每人做2张涂片（分别从固体培养基上和液体培养物中挑取细菌），

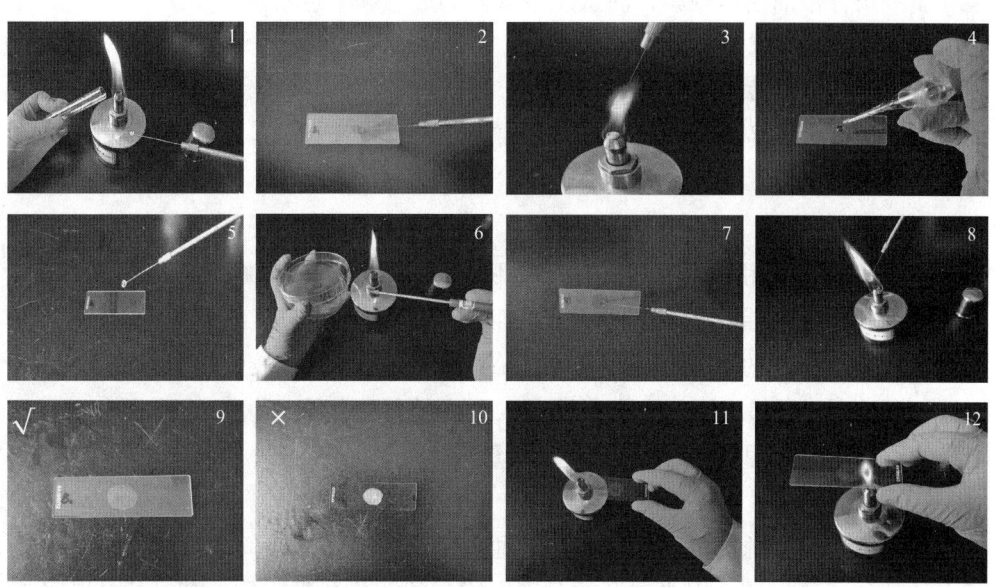

图2-2-1 细菌涂片的制作

1. 液体标本直接无菌操作，用接种环挑一小环在载玻片上；2. 轻轻涂布均匀；3. 残留的标本接种置内焰至外焰烧灼；4. 若用滴管取生理盐水小半滴即可；5. 或可用接种环取一小环生理盐水；6. 取少许固体表面培养物；7. 轻轻地反复涂布均匀；8. 烧灼环上剩余的细菌；9. 涂片厚薄适宜，半透明，约直径1 cm大小；10. 勿涂成奶油状，太厚；11. 标本面朝上做固定；12. 快速在火焰上方来回2～3次即完成固定

一张玻片可涂2个标本。

（2）干燥

一般在室温中自然干燥。若需加速干燥，可将标本面向上，小心断续地在远火高处略加温，以助水分蒸发加速干燥。操作中切勿紧靠火焰或时间过长，以免标本烤枯而变形。

（3）固定

固定的目的是杀死细菌，改变细菌对染料的通透性，凝固细胞质和其他细胞结构，使菌体与玻片黏附牢固，在染色时不致被染液和水冲掉。一般均用加热法。操作中，手托玻片的一端，标本面向上，在酒精灯焰上快速通过2~3个来回，共2~3s，注意温度不可太高，以玻片反面触及皮肤热而不烫为度。

（4）染色

在已固定的标本片上滴加所需染色方法的染液。

（5）水洗

染1 min后用细流水（自来水顺着指甲水流缓慢或用洗液瓶）轻轻冲洗，并将玻片上残留水分轻轻甩净。

（6）干燥

在空气中自然干燥，也可用吸水纸快速吸去载玻片上的水。

（7）镜检与结果判断

加一滴香柏油油镜观察，注意观察菌体的形态和染色特点。

3. 镜检

（1）显微镜的放置

将显微镜置于平稳的实验台上，镜座距实验台边缘3~4 cm。

（2）调节光源

1）自然光源

显微镜不能采用直射阳光，晴天可用近窗的散射光作光源，也可用日光灯作光源。使用低倍物镜，旋转粗调节器使物镜和镜台间的距离约为3 mm；调节聚光镜，使其与镜台的上表面相距约1 mm；调节反光镜（在较强的自然光下观察，以平面反光镜为宜），使光线充分地进入聚光镜。开闭聚光镜上的孔径光阑，调节光线强弱直至照明效果最佳时为止。

2）电光源

使用具有电光源的显微镜时，在接通电源后，直接向镜筒内观察，调节聚光镜上的孔径光阑，使入射光展开的角度与物镜的数值孔径一致，其目的是既可充分发挥该物镜的分辨率，又能把超过该物镜可能接受的多余光挡住，避免产生干扰。具体方法是使光阑孔径与视野恰好一样大或小于视野。所以，原则上使用不同的物镜时应相应调节孔径光阑。通过调节聚光镜上的视场光阑或调节照明度控制钮，选择最佳的照明效果。

（3）油镜观察染色的细菌涂片

1）放置标本

将染色的细菌涂片置于镜台上，用压片夹夹牢。

2）找合适的视野

先用低倍镜寻找合适的视野，并将要观察的部位移到视野中央。

3）加香柏油

取香柏油1~2小滴（勿加多），加到欲观察部位的涂片上。

4）转换油镜

将油镜转到工作位置，下降镜筒，使油镜浸入香柏油中，并从侧面观察，使镜头降至既非常接近玻片，又不能与玻片相挤压的合适位置。

5）调焦

双眼从目镜中观察，同时转动粗螺旋（切忌反方向旋转），缓慢地提升油镜，至出现模糊的物像时再用细调节螺旋，调节至物像清晰为止。如上述操作后还找不到物像，一种可能是油镜头下降还未到位，另一种可能是油镜升得太快，以致眼睛捕捉不到一闪而过的物像。遇此情况应重新操作。

（4）油镜使用后的处理

1）取下标本

转动粗调节螺旋，使镜台下降（或镜筒上升），取出标本玻片。

2）清洁油镜

先用擦镜纸擦去镜头上的香柏油，再用沾有少许无水乙醇的擦镜纸擦掉残留的香柏油，最后再用干净的擦镜纸擦去残留的乙醇。

3）清洁目镜和其他物镜

用擦镜纸从一个方向擦净其他物镜和目镜。

4）清洁标本片

有盖玻片的标本片，可用擦镜纸沾少许无水乙醇把油擦净；无盖玻片的标本片，可用拉纸法擦油，具体方法是先把一张小擦镜纸盖在油滴上，再滴上无水乙醇，平拉擦镜纸，反复拉几次，将油洗去晾干。

5）清洁机械部位

用柔软的绸布擦净机械部位的灰尘。

6）显微镜复原归位

清洁后应将物镜转成"八"字式，缓慢下降镜筒，使物镜搁在镜台上。关闭光栅，将聚光器降到最低位置。套上镜罩后放入显微镜柜中。

4. 注意事项

（1）涂片务求均匀，切忌太厚。

（2）挑取细菌应适量，生理盐水尽量少取，接种环用后必灭菌。

（3）固定时标本片不能离火焰太近，动作迅速，以免标本烤枯而变形。

（4）染色时严格按照步骤进行，注意掌握时间，不可使染液干涸。

（5）强调显微镜油镜的使用方法和保养，用完后一定要将镜头擦拭干净，标本片先用无水乙醇将油洗净后再丢入消毒缸中。

（6）整个染色过程应小心谨慎，尽量避免污染桌面、地面、水槽以及自己手指等，如被污染及时用工业乙醇擦洗干净。

五、实验结果

将本实验观察结果记录于表2-2-1中。并绘制在油镜下观察的微生物形态，注明物镜的放大倍数和总放大倍数。

表2-2-1　涂片简单染色镜检结果

菌名	石炭酸复红染液	亚甲蓝染液
1		
2		
3		

思 考 题

1. 细菌涂片制作的注意事项有哪些？
2. 为什么细菌染色时所用染料多属碱性染料？为什么制片干燥后才能用油镜观察？
3. 试述油镜的使用方法及注意事项。

附：细菌的基本形态和特殊结构

1. 细菌的基本形态

细菌在普通光学显微镜或电子显微镜下一般可见到三种形态，即球状（球菌）、杆状（杆菌）和螺旋状（弧菌和螺菌）。此外，尚有极少数细菌为星状，而有的具柄，有的具鞘，有的带附属物。近年来还发现一些形态更为特殊的细菌，如古细菌。

细菌的形态是由多基因调控的，除诱变因素以外，在正常的外界环境中，细菌的形态具有稳定的遗传性。亲代与子代的形态基本一致。

球菌有单个分散或成对排列，成对者称为双球菌，成链排列为链球菌，4个菌体排列在一起为四联球菌，8个菌体排列呈立方形为八叠球菌（或不规则排列呈一串葡萄状，称为葡萄球菌）。这是由于细菌在不同平面分裂繁殖后菌体之间相互黏附的原因。各种杆菌的长度有很大区别，长度较小的杆菌称为短杆菌，长的杆菌可以比宽度大2~10倍。杆菌的两端可呈钝圆形（如肠道杆菌），有的为平截（如炭疽杆菌），还有的呈梭形。弯曲的细菌有弧形或逗点形（如霍乱弧菌）；有几个弯曲的菌体较为坚硬的称为螺菌。

2. 细菌的特殊结构

特殊结构有鞭毛、菌毛、荚膜、芽孢等，这些结构叫细菌的特殊结构，是某种细菌特有的结构，对于鉴别细菌种属是比较重要的特征。各种特殊结构都有其特殊功能。

（1）鞭毛

许多细菌包括弧菌、螺菌、有些杆菌和少数球菌具有鞭毛。鞭毛为细长呈波形弯曲的丝状物。一般认为鞭毛是细菌的运动"器官"，需用电子显微镜观察，或经特殊染色法使鞭毛增粗并着色后在普通显微镜下才能看到。

根据鞭毛的数量及生长的位置，可将有鞭毛的细菌分为单毛菌、丛毛菌和周毛菌。单毛菌和丛毛菌运动速度较快，多呈直线运动，周毛菌的运动不活泼。检查细菌有无鞭毛及鞭毛的数量与位置，是鉴别细菌的常用方法之一。鞭毛成分的分析研究，对细菌鉴定有重要意义。

（2）菌毛

通过电镜观察，可见某些细菌表面有毛发样细丝，称菌毛。菌毛短而直，数目多。菌毛分普通菌毛与性菌毛两种，前者主要起吸附作用，所以普通菌毛有时与致病有关。有性菌毛的细菌称雄性细菌（F^+），无性菌毛的细菌称为雌性菌（F^-）。雄性菌可借性菌毛将细胞质中游离的遗传物质（质粒或染色体DNA片段）传递到雌性菌体中去，使后者获前者某些形状。

（3）荚膜

许多细菌在细胞壁外面包围一层黏液性物质，其厚度可达10 μm，在普通光学显微镜下可见。与四周有分明界限者称为荚膜（capsule）。其界限不如荚膜清楚而易被洗脱者，称为黏液层（slime layer）或疏松黏液层。

不是所有细菌均有荚膜，但致病菌形成的荚膜往往就是毒力因子。荚膜能保护细菌细胞壁使细菌免受各种有害因子的损伤，同时能抵抗宿主的杀菌物质及吞噬细胞的吞噬作用。荚膜多糖还可抑制体液中溶菌酶作用，从而增加细菌对宿主的侵袭力。

细胞浆膜是参与生物合成荚膜的物质，这些物质被分泌后穿过细胞壁，存在与细胞最外层。有荚膜的细菌在固体培养基上形成光滑型菌落（S型）或黏液型菌落（M型），失去荚膜后变为粗糙型（R型）。已失去荚膜的细菌通过动物又可使荚膜恢复。但荚膜并非细菌生存所必需，如荚膜丢失，细菌仍能存活。

（4）芽孢

某些需氧菌和厌氧菌在一定环境条件下，能在菌体内形成一个折光性很强、通透性很低的圆形或卵圆形的小体，称为芽孢（spore）。由于其在菌体内部生成，一般称其为内芽孢（endspore）。芽孢带有成套的核质、酶和合成菌体成分的有机物，能保存细菌全部生命活性。芽孢形成以后，菌体即成为空壳，以后在适当条件下，芽孢又可发芽形成新的菌体。一个细菌只能形成一个芽孢，一个芽孢发芽也只能生成一个菌体，细菌数量并未增多，故芽孢不是繁殖型（vegetative form），学术界一致认为其是细菌的休眠状态，称为持久型。

芽孢能耐受不利的环境，如干燥、较高的温度和不良营养环境等。医学上重要的芽孢杆菌均为革兰氏阳性菌，可分为需氧芽孢杆菌和厌氧梭状芽孢杆菌，其中有些可致严重的疾病。

（徐春泉　曾爱兵）

实验三　革兰氏染色法

革兰氏染色法是细菌学中最广泛使用的一种鉴别染色法，该染色法于1884年由丹麦医生革兰（Hans Christian Gram，1853—1938）发明，一直沿用至今，是细菌学研究中最基本的方法。革兰氏染色法的原理还不十分清楚，最广泛接受的观点认为其与细菌细胞壁结构及化学组成有关。

应用革兰氏染色法可初步鉴别细菌。根据此法可将细菌分为两大类，即革兰氏阳性菌和革兰氏阴性菌。当用酒精脱色后，如果细菌能保持草酸铵结晶紫与碘的复合物而不被脱色，即染色后细菌能保留结晶紫而成紫色，此类细菌即为革兰氏阳性（可写作G^+）菌；如果草酸铵结晶紫与碘的复合物被酒精脱掉而被复红染成红色，此类细菌即为革兰氏阴性（可写作G^-）菌。同一科的细菌革兰氏染色特性往往相同，如芽孢杆菌科细菌全是革兰氏阳性；肠杆菌科细菌全是革兰氏阴性。

同时也提示细菌与致病性的关系。大多数革兰氏阳性菌的致病物质主要为外毒素；而大多数阴性菌的致病物质为内毒素。

另外，革兰氏阳性菌与革兰氏阴性菌在细胞壁等结构上有很大差别，两者对抗菌药物的敏感度不一。例如，大多数革兰氏阳性菌对青霉素敏感（结核杆菌除外）；大多数革兰氏阴性菌对青霉素不敏感（脑膜炎奈瑟菌除外）。因此，革兰氏染色结果可供临床选用抗菌药物时参考。

一、实验目的

1. 掌握革兰氏染色的基本原理和方法。
2. 熟练掌握细菌革兰氏染色操作步骤和注意事项。
3. 熟练掌握显微镜油镜的使用技术。

二、实验内容

1. 葡萄球菌、链球菌、枯草芽孢杆菌、大肠埃希菌涂片制作和革兰氏染色。
2. 革兰氏染色油镜观察及结果判断。
3. 无菌操作技术。

三、实验材料和用具

1. 菌种
（1）腐生葡萄球菌（18～24 h 琼脂平板培养物），1 块/组。
（2）大肠埃希菌（18～24 h 琼脂平板培养物），1 块/组。
（3）枯草芽孢杆菌（琼脂斜面 5 d 培养物），1 支/组。
（4）以上三种菌液体混合物，1 支/组。
2. 用具
试管架、防爆酒精灯、打火机、接种环、载玻片、记号笔、洗液瓶、吸水纸、生理盐水、香柏油、无水乙醇、擦镜纸。
3. 染色液
（1）革兰氏Ⅰ液（结晶紫染液）。
（2）革兰氏Ⅱ液（鲁氏碘液）。
（3）革兰氏Ⅲ液（95%酒精）。
（4）革兰氏Ⅳ液（稀释石炭酸复红染液）。
4. 仪器
普通光学显微镜。

四、实验方法

革兰染色技术的一般过程如下。
涂片→干燥→固定→初染→媒染→脱色→复染→水洗→干燥→镜检
1. 制片
细菌涂片制作包括涂片、干燥、固定，具体操作步骤可参考前面实验二。
2. 染色
染色过程包括初染、媒染、脱色和复染。
（1）初染
在已固定的制片上滴加结晶紫染液，染 1 min 后用细流水（自来水顺着指甲水流缓慢）或用洗液瓶轻轻冲洗，并将玻片上残留水分轻轻甩净。
（2）媒染
媒染以增加染料和被染物质的亲和力。滴加鲁氏碘液，1 min 后同样用细流水冲洗，并将玻片上残留水轻轻甩干。

（3）脱色

滴加 95% 酒精数滴，摇动玻片至紫色不再为酒精脱退为止（根据涂片之厚薄约需 30 s 至 1 min），用细流水冲洗，并将玻片上积水轻轻甩净。

（4）复染

滴加稀释石炭酸复红液，复染 30 s 至 1 min（比初染时间短），水洗，用吸水纸轻轻吸干玻片表面残留水分。

3. 镜检与结果判断

染色片干燥后加一滴香柏油油镜检查，注意观察菌体的形态和染色性。

4. 注意事项

（1）革兰氏染色的结果与培养基成分、培养条件及操作技术等有着密切的关系。例如，涂片太厚影响酒精脱色，革兰氏阴性菌则可染成革兰氏阳性菌；脱色时倘若酒精作用太长，革兰氏阳性菌又会染成革兰阴性菌；在缺乏镁盐的培养基中，革兰氏阳性菌可变成革兰氏阴性菌；菌龄也能影响染色结果，这和生长过程中核酸含量的改变有关，例如本是革兰氏阳性菌的老龄菌，因核酸的减少常出现许多革兰氏阴性菌的细胞。

（2）染色时严格按照步骤进行，注意掌握时间。染色液配好后，应该用已知菌株进行预染以便更好掌握染色时间和染色液浓度。

（3）脱色之前必须把水甩干，否则影响结果。

（4）注意显微镜油镜的使用方法和保养，用完后一定要将镜头擦拭干净，标本片先用无水乙醇将油洗净后再丢入消毒缸中。

五、实验结果

染成紫色者为革兰氏阳性菌，染成红色者为革兰氏阴性菌。注意观察混合标本中三种不同菌的染色性和形态。示例见图 2-3-1。

1. 革兰氏染色液包括哪四液？
2. 简述革兰氏染色法的步骤、结果判断、注意事项及个人心得体会。
3. 报告各标本染色镜检结果并绘图。

附：部分细菌革兰染色谱和染色方法

1. 部分细菌的革兰染色谱

见表 2-3-1。

实验三 革兰氏染色法

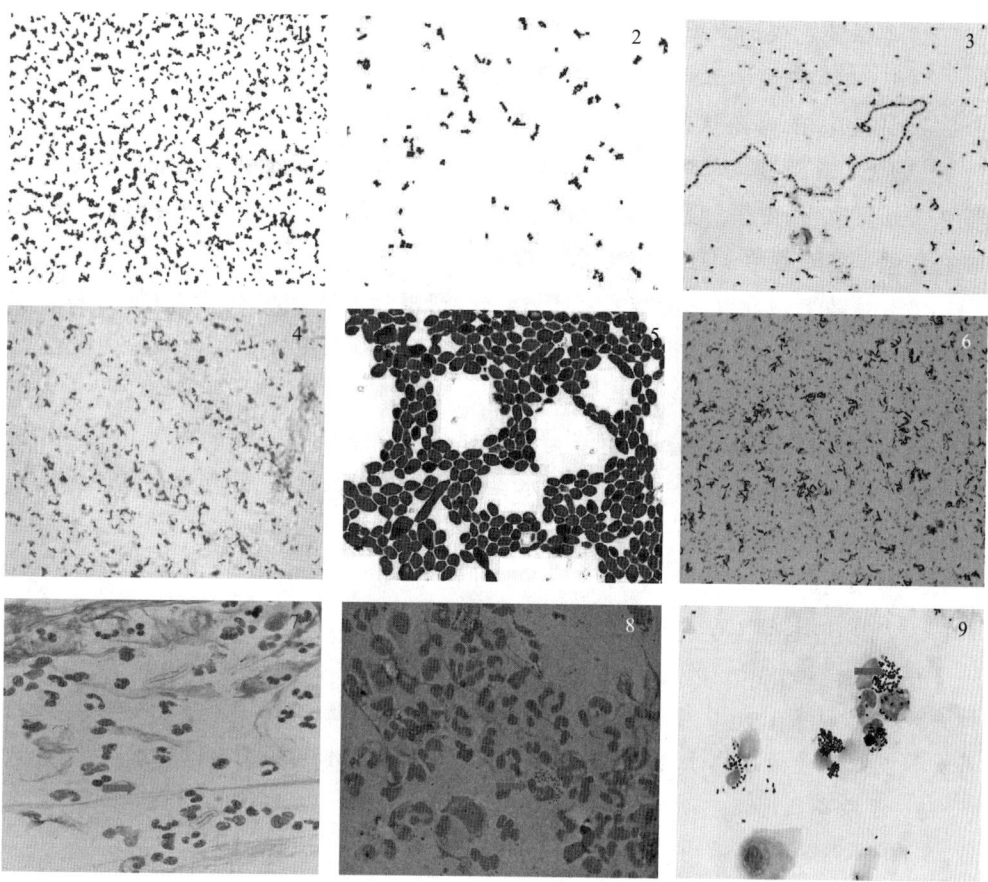

图 2-3-1 细菌涂片革兰氏染色结果（1 000×）示例

1. 革兰氏阳性球菌，单、双和小串排列；2. 革兰氏阳性球菌四联、八叠状排列球菌；3. 革兰氏阳性球菌，长链状；4. 革兰氏阴性杆菌，散在排列；5. 酵母属真核细胞，可见核，偏革兰氏阳性，比细菌大很多；6. 革兰氏阳性杆菌，其形成芽孢难被着色。7. 活体标本涂片，带荚膜的革兰氏阴性杆菌；8. 活体标本涂片，被白细胞吞噬的革兰氏阴性球菌，呈肾型；9. 活体标本涂片，被白细胞吞噬以及白细胞崩解后释放出的革兰氏阳性球菌，呈葡萄串状排列

表 2-3-1 部分细菌的革兰氏染色谱

微生物	染色反应	
	革兰氏阳性（G^+）	革兰氏阴性（G^-）
球菌	葡萄球菌、链球菌、肺炎链球菌、四联球菌	脑膜炎奈瑟菌、淋病奈瑟菌、卡他莫拉球菌
杆菌	白喉棒状杆菌、抗酸杆菌、芽孢杆菌	大肠埃希菌、沙门菌、志贺菌、变形杆菌、铜绿假单胞菌、嗜血杆菌、布鲁菌、巴氏杆菌、马鼻疽杆菌、克雷伯菌
其他	放线菌、真菌	弧菌、螺旋体

2. 革兰染色液的配制

（1）1%草酸铵水溶液100 mL：称取草酸铵1 g，溶于100 mL蒸馏水中，混匀后置于500 mL有盖试剂瓶中待用。

（2）5%石炭酸（苯酚）水溶液100 mL：用10 mL吸管吸取5 mL苯酚溶液与95 mL蒸馏水混匀，置于500 mL有盖试剂瓶中待用。天冷苯酚会结晶，但苯酚熔点低（25℃左右）可置37℃水浴熔化。

（3）结晶紫饱和液：称取结晶紫14 g，研磨助溶于95%酒精100 mL中，配成饱和液，置于500 mL有盖试剂瓶中。结晶紫染液应用液：取饱和液20 mL与1%草酸铵水溶液80 mL混合后过滤即成。

（4）鲁氏碘液：先溶碘化钾1 g于100 mL蒸馏水中，再加碘1 g，也可研磨助溶待碘全部溶解后，加入蒸馏水至总量为300 mL，置于500 mL棕色滴瓶中即成。

（5）95%酒精。

（6）稀释石炭酸复红液。

碱性复红饱和液：称取碱性复红4 g，研磨助溶于95%酒精100 mL中制成饱和液；取饱和液10 mL与5%石炭酸溶液90 mL混匀配成石炭酸复红染液；稀释石炭酸复红液是最后取上述石炭酸复红染液再用蒸馏水稀释10倍即成。

3. 注意事项

（1）各种染料、碘均需放入研磨钵充分磨碎，易于溶解。

（2）各种饱和液配制好充分震摇后，均需静置2~3 d，取上层液用滤纸过滤后再配成应用液使用。

（3）碘易升华，称量速度宜快，以避免对人体造成损害。

（4）染液应储于棕色试剂瓶内，避光保存。

（5）整个配制过程应小心谨慎，尽量避免污染桌面、地面及水槽等，如被污染及时用酒精擦洗干净。

（6）取试剂瓶中液体时应注意标签对着手心以防染液污染标签。

（7）配制过程应在台面铺废报纸防止染料污染台面。

4. 简单介绍几种常用染色法

（1）单染色法

这种染色法是用一种染料使细菌着色，如用亚甲蓝或稀释石炭酸复红等，只能观察细菌的形态和大小，但不能鉴别细菌。

（2）复染色法

这是用两种以上染料染色的方法，此法除显示细菌形态大小外，还有鉴别细菌种类的价值。细菌学中最广泛使用的复染色法是革兰氏染色法和抗酸染色法。

（3）特殊结构染色法

细菌的某些结构，如鞭毛、荚膜、细胞壁、芽孢及异染颗粒等，用普通染色法不易着色，故需用特殊染色法。这些染色法不仅能使特殊结构着色，还可使特殊结构染成与菌体不同的颜色，有利于观察。

（4）荧光染色法

该法的原理是细菌用荧光染料着色后在荧光显微镜下检查，可在黑的背景中观察到细菌发出明亮的荧光。此法有加快检查速度和提高阳性率等优点。

（5）负染色法

负染色是指背景着色而细菌本身不着色。常用墨汁、刚果红或水溶性苯胺黑等，因酸性染料带负电，故菌体不着色，只能使背景着色。实践中可用墨汁负染色法检查新型隐球菌的荚膜。背景呈黑色，荚膜不着色，包绕在菌体周围成为一层透明的空圈。

5. 常用染色剂

见表2-3-2。

（1）按其来源分类

染色剂的种类按其来源可分为以下两类。

1）自然染色剂

当前采用的种类不多。其中以胭脂红和苏木素应用广泛。

表2-3-2 微生物实验室常用染料一览表

名称	性质	发色基	助色基	用途
结晶紫（龙胆紫）	碱性	对位醌	—NH$_2$	革兰氏染色等
番红（沙黄）	碱性	双偶氮	—NH$_2$	革兰氏染色、核染色
碱性复红（品红）	碱性	对位醌	—NH$_2$	核染色、鉴别结核杆菌
亚甲蓝	碱性	对位醌	—NH$_2$	活体染色、放线菌染色、氧化还原指示剂
刚果红	酸性	双偶氮	—NH$_2$	细菌负染色、酵母菌染色
孔雀绿	碱性	对位醌	—NH$_2$	细菌芽孢染色
苦味酸	酸性	—NO$_2$	—OH	染真菌细胞群、海藻细胞壁
伊红	酸性	对位醌	—OH	细胞质染色、细胞的嗜酸性颗粒染色
藻红（兰光赤星）	酸性	对位醌	—OH	染土壤细菌
酸性复红（品红）	酸性	对位醌	—NH$_2$	单染色等
中性红	碱性	醌环	—NH$_2$	活体染色、指示培养基，鉴别肠道细菌等
亮绿（大皇绿）	碱性	对位醌	—NH$_2$	细菌、螺旋体等染色，鉴别培养
苏丹Ⅲ（三号苏丹红）	酸性	双偶氮	—OH	脂肪染色
荧光素	酸性	羰基	—OH	荧光染色
黑素（水溶黑素）	混合物			负染色

2）人工合成的染色剂

人工合成的染色剂且大部分是苯的衍生物。这类染色剂大多是提自煤焦油，种类多，应用广。煤焦油染色剂是苯的衍生物。它们的化学结构都含有苯环，连接苯环有发色团（又称色基）和助色团（又称助色基）。发色团使化合物表现颜色，但仅有发色团还不能使被染物着色。助色团有电离特性，可以和被染物结合，使其被染上颜色。例如，三硝基苯是黄色化合物，它所含的硝基是发色团，但三硝基苯缺乏助色团，不能成为染色剂，这样的化合物称为色原物。当三硝基苯的一个氢原子被羟基取代，形成苦味酸后，因羟基可以电离，它是助色团，所以苦味酸便是一种黄色染色剂。

（2）按助色基团不同

染色剂根据它所含的助色基团的性质不同，可分以下四类。

1）碱性染料

这类染料如亚甲蓝、碱性复红、结晶紫。此类染料电离时，染料离子带正电荷，如氯化亚甲蓝电离 Cl^- 和 M^+。细菌在一般环境中带有负电荷，而易于与碱性染料结合。因此，碱性染料应用最广。

2）酸性染料

这类染料如伊红、酸性复红等。酸性染料电离时，染料离子带负电荷，如伊红的钠盐电离成 Na^+ 和 Y^-，细菌含有大量的多种氨基酸，这些氨基酸均是两性化合物，氨基酸极性基团带有正电荷的部分能和酸性染料结合，当培养基内糖分解使酸碱度下降时，细菌所带的正电荷增加，因而易被酸性染料着色。

3）中性（复合）染料

这类染料是酸性染料和碱性染料的结合物，如瑞特染料、吉姆萨染料等，在细菌学检验中该类染料应用较少。

4）单纯染料

这类染料的化学亲和力低，不能和被染的物质生成盐，其染色能力视其是否溶于被染物而定，因为它们大多数都属于偶氮化合物，不溶于水，但溶于脂溶性溶剂中，如苏丹类的染料。

（徐春泉 曾爱兵）

实验四 不染色细菌标本观察

鞭毛的运动性观察可以用来判断细菌是否有鞭毛。通常在暗视野中，通过对细菌的悬滴标本和压滴标本的观察来研究细菌的运动性。可利用暗视野显微镜或相差显微镜形成黑暗背景，被检物构成亮点的特性进行细菌运动方式的观察。

压滴法常将细菌悬液滴于载玻片中央,加上盖玻片,置于显微镜下观察。此法是研究微生物形态最简单、最基本的方法之一。

悬滴法常将细菌悬液于盖玻片中央,翻转,置于凹玻片的凹窝中央,由于细菌不受盖玻片的压力影响,所以,此法常用于观察并区别细菌运动的方式,也可观察细菌的繁殖方式,以及孢子萌发等。

一、实验目的

1. 认识细菌不染色标本在普通显微镜下的基本形态特点。
2. 学习掌握细菌压滴片和悬滴片的制作方法。

二、实验内容

1. 制作腐生葡萄球菌、铜绿假单胞菌的悬滴片、压滴片。
2. 置高倍镜下观察细菌的运动情况。

三、实验材料和用具

1. 菌种

(1) 铜绿假单胞菌（*Pseudomonas aeruginosa*）（18~24 h 液体培养物），1 支/组。

(2) 腐生葡萄球菌（18~24 h 液体培养物），1 支/组。

2. 用具

试管架、接种环、普通载玻片、单凹载玻片、记号笔、镊子、盖玻片、擦镜纸、防爆酒精灯、打火机、香柏油、石油醚、生理盐水、医用凡士林、牙签、消毒液、消毒缸。

3. 仪器

普通光学显微镜、相差显微镜（示教）。

四、实验方法

1. 压滴标本制作

(1) 标记

取一清洁载玻片,放置在酒精灯的右侧桌面上,用记号笔在玻片右侧注明观察菌体的名称或编号。

(2) 取菌液

点燃酒精灯,以无菌操作方式直接用接种环取菌液体培养物 1~2 环于玻片中央;或者取 1~2 环生理盐水放于玻片中央,无菌操作取少许菌苔于玻片生理盐水中充分混匀。

（3）盖片

用镊子取清洁的盖玻片。选取适宜角度由一端与玻片的菌液接触，徐徐放下盖玻片。注意避免产生气泡。主要步骤见图2-4-1。

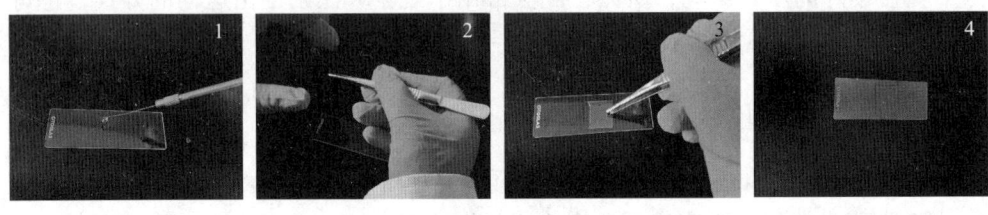

图2-4-1　压滴标本制作主要步骤

1. 无菌操作用接种环取2～3环菌液在载玻片中央；2. 用镊子取一张洁净的盖玻片；3. 盖玻片的一边压住菌液，缓慢盖上；4. 不要产生气泡，液体不能溢出载玻片边缘

（4）镜检

将压滴标本放于显微镜下观察。

2. 悬滴标本制作

（1）标记

取清洁的凹玻片和盖玻片各一张，注意做好记号。

（2）涂凡士林

用牙签取少许凡士林涂于盖玻片的四角。主要步骤见图2-4-2。

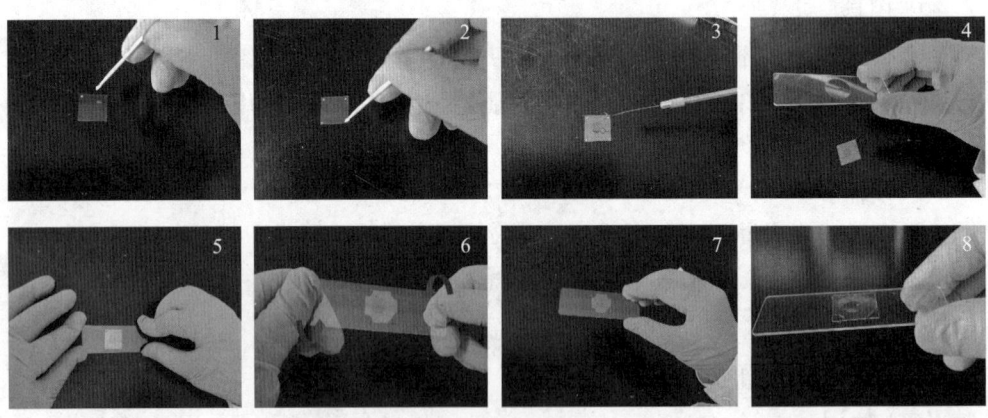

图2-4-2　悬滴标本制作主要步骤

1. 用凡士林粘在小盖玻片角边；2. 盖玻片四角都粘上凡士林；3. 无菌操作取一环菌液在盖玻片中央；4. 取一片凹玻片，注意凹面朝下；5. 凹玻片的凹面对准液滴轻轻盖上；6. 待凹玻片完全粘牢盖玻片后，快速翻转；7. 翻转后，盖玻片在凹玻片的上方；8. 使盖玻片上的液滴悬挂在凹玻片上方，可置相差、暗视野显微镜下观察

（3）取菌液

点燃酒精灯，无菌操作用接种环取菌液体培养物1～2环于盖玻片中央，不

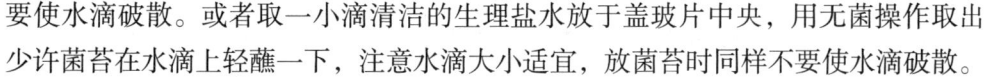

要使水滴破散。或者取一小滴清洁的生理盐水放于盖玻片中央，用无菌操作取出少许菌苔在水滴上轻蘸一下，注意水滴大小适宜，放菌苔时同样不要使水滴破散。

（4）盖凹玻片

将凹玻片翻转向下，使凹窝中央对准盖玻片中央液滴，然后轻压。使凹玻片与盖玻片黏合紧密，以免蒸发，然后很快将凹玻片翻转，使盖片向上。

（5）镜检

将制作好的悬滴片置于显微镜下观察，注意调节光栅大小和聚光器升降，使光线较暗形成反差。

五、实验结果

有鞭毛的细菌为真正运动，可见细菌朝一个方向直线运动，运动快速而活跃；而无鞭毛的细菌随水分子布朗运动，在原地无规则颤动。

1. 你所观察的细菌有无运动性，是如何运动的？
2. 若使视野明亮，除光源外还可采取哪些措施？

附：介绍另外一种观察动力的方法（鞭毛染色法）

鞭毛是一种生长在某些细菌表面的长丝状、弯曲状的蛋白质附属物，鞭毛是细菌的特殊结构，是细菌的"运动器"，不同细菌的鞭毛数量不同。鞭毛与细菌致病力密切相关。通过观察细菌菌体有无鞭毛以及鞭毛在菌体的位置和数量，可鉴别细菌。细菌的鞭毛极为纤细，一般直径只有 0.1～0.2 μm，用简单染色法看不见，通常要用电镜观察。由于鞭毛非常细小，在一般光学显微镜下不易观察到其形状和数目等，需借助特殊染色方法加粗鞭毛，使鞭毛在光学显微镜下可被观察到。鞭毛染色方法很多，但主要的原理是借助媒染剂和染色剂的沉淀作用，使染料沉淀在鞭毛上，使鞭毛直径增加并着色。培养稍久的细菌鞭毛易脱落，鞭毛数跟菌龄关系密切，必须要用新鲜的菌体染色。一般采用经 3～5 代（每代培养时间 16～20 h）的斜面培养，最后一代再接到含 0.8%～1.2% 琼脂的软琼脂培养基（带有冷凝水）经 12～16 h 培养的菌体材料为佳，使细菌活化鞭毛充分伸展。以下简单介绍魏曦氏鞭毛染色法。

1. 菌种活化与菌液的制备

将菌在肉汤培养基中复苏，然后在营养琼脂斜面培养基上连续传代 3 次，再分别接种于含 0.8%～1.2% 琼脂的软琼脂半固体斜面培养基经 12～16 h 培养（带有冷凝水）。若为大肠埃希菌、伤寒杆菌，则放 37℃ 培养 7～16 h；若为变形杆菌，则放 22~25 ℃培养 16 h。

2. 制片

以接种环自交界处取出一环菌液，轻轻放在盛有 3~4 mL 蒸馏水的小碟液体表面，使细菌自由分散，浮在液体表面，静置孵箱内 4~5 min。用接种环自液面取一环蒸馏水（内含有分散的细菌），放于高度洁净无油脂的载玻片上，切勿研磨和摇动，置 37 ℃孵箱内让其自干，无须火焰固定。或将载玻片稍倾斜，使菌液随水滴缓流到另一端然后平放，自然干燥。

3. 鞭毛染色液的配制

甲液：饱和钾明矾液 2 mL，5% 石炭酸 5 mL，20% 鞣酸液 2 mL，相互混合。

乙液：碱性复红酒精饱和液。

使用前，将甲液 9 份、乙液 1 份混合过滤，过滤后第 3 天使用最佳。

4. 染色

滴加鞭毛染色液染色 3~5 min，用蒸馏水缓慢冲洗后晾干镜检。菌体和鞭毛均为红色，若染色时间长则鞭毛粗，若染色时间短则鞭毛细。

5. 注意事项

（1）选好菌种

必须要挑选处于活跃生长期的幼龄菌体，这是鞭毛染色成功的基本条件。要注意培养条件和培养时间：菌龄过长，鞭毛染色效果较差，这可能与老龄菌体活动度降低、鞭毛易脱落有关。冰箱长期保存的菌种不宜直接用于鞭毛染色，需用新制备的斜面连续转接 2~3 次后再染色。

（2）载玻片要非常清洁

载玻片要光滑、洁净、无油，否则会影响观察细菌的运动情况。注意有些细菌温度太低时不能运动。

（3）染色液一定要新鲜

最好临用时配置，若放置过久，鞭毛染色浅，观察效果差。

（4）染色过程中应充分注意的细节

取菌后的接种环在载玻片上的蒸馏水中轻轻沾几下即可，不要用力太猛，更不能用接种环大幅度涂开。将载片稍倾斜，使菌液散开即可，否则鞭毛易脱落，造成染色失败。鞭毛染色的玻片只能自然干燥，不能用热风吹干，不能热固定，这是由于加热后菌体易变形，鞭毛易脱落，影响观察。用蒸馏水冲洗比用自来水冲洗效果好。

6. 实验结果

菌体周围有细长弯曲的丝状物，即为鞭毛。观察鞭毛及其着生部位，可以看到普通变形杆菌为周毛菌，铜绿假单胞菌为丛毛菌。

思 考 题

为什么在鞭毛染色前通常要将菌种连续传接几代？鞭毛染色与其他染色有何不同？

（周　燕　曾爱兵）

实验五　培养基的制备

培养基是用人工的方法将多种营养物质按照微生物生长代谢的需要，配制成的一种营养基质，用以培养、分离、鉴定、保存各种微生物或其代谢产物。不同营养类型的微生物对营养物质的要求各不相同，加之实验和研究的目的不同，所用培养基在组成成分上也各有差异。

不同种类和不同组成的培养基中，均应含有微生物生长繁殖所必需的水分、碳源、氮源、无机盐和生长因子，以及某些必需的微量元素等。此外，培养基还应具有适宜的酸碱度（pH）以利于微生物生长繁殖，如细菌培养基应中性偏碱，放线菌培养基应偏碱，霉菌、酵母菌培养基应偏酸。

根据制备培养基所选用的营养物质来源，可将培养基分为天然培养基、半合成培养基和合成培养基三类。根据使用培养基的目的，可将培养基分为选择培养基、加富培养基及鉴别培养基等。根据培养基的形态，又可将其分为液体培养基、半固体培养基和固体培养基。半固体培养基和固体培养基是在液体培养基中加入不同比例的凝固剂制成的。

常用的凝固剂有琼脂、明胶和硅胶，其中以琼脂最为常用。琼脂是从海藻中提取多糖类物质，其特点是具有凝固性和稳定性，微生物一般不能分解琼脂，故将其用作凝固剂不致引起培养基化学成分变化。琼脂溶解起始温度为95℃，溶解后的琼脂冷却到45℃会重新凝固，在常规培养条件下（25～37℃）呈现固态。一般在液体培养基中加入0.2%～0.5%（W/V）琼脂可制成半固体，加入1%～2%（W/V）琼脂可制成固体培养基。

不同种类、不同成分及不同用途的培养基制备方法各不相同，本实验以培养细菌常用的牛肉膏蛋白胨培养基为例，简要介绍培养基的基本制备过程及方法。

一、实验目的

1. 了解培养基的概念、种类和用途。
2. 掌握基础培养基的配制原理及其常规配制程序。
3. 了解高压蒸汽灭菌原理，掌握高压蒸汽灭菌的操作步骤及注意事项。
4. 掌握培养基及器皿的灭菌方法，熟悉超净工作台的使用。

二、实验内容

1. 制备液体培养基，分装培养瓶和试管。
2. 制备半固体培养基，分装试管。
3. 制备固体培养基，分装试管制成斜面，并无菌操作倾注平皿。
4. 高压蒸汽灭菌器具体操作。

三、实验材料和用具

1. 用具

药匙、pH试纸、试管架、硅胶塞、洗耳球、棉绳、橡皮筋、称量用玻璃纸、烧水锅（配有内置提篮）、防烫手套、分液漏斗。

2. 玻璃器皿

每组所需玻璃器皿如下：

培养瓶（250 mL），1只	试管（12 mm×100 mm），20支
无菌平皿（直径9 cm），10只	试管（15 mm×100 mm），30支
烧杯（500 mL），1只	试管（15 mm×150 mm），20支
烧杯（150 mL），2只	刻度吸管（10 mL），2支
量筒（500 mL），1只	玻璃棒，1支

备注：培养皿要提前灭菌备用。需经160~170 ℃干烤2 h，冷后待用。

3. 试剂药品

NaCl、蛋白胨、牛肉膏、琼脂、pH标准液、1 mol/L NaOH溶液、0.1 mol/L NaOH溶液、水。

4. 仪器

电子秤、pH计、电磁炉、高压蒸汽灭菌器、隔水式恒温培养箱、超净工作台、恒温水浴箱。

四、实验方法

1. 操作

按教师指定的小组，每小组根据配方配制400 mL肉膏汤培养基，然后将其分装制成液体培养基、半固体培养基、斜面培养基及平板培养基。

（1）计算和称量

根据配方比例，按实际用量正确称取牛肉膏、蛋白胨、NaCl，放入适当烧杯中，称量也可用玻璃纸待试剂完全溶解后溶液中捞出。牛肉膏可用玻璃棒挑取。牛肉膏蛋白胨（肉膏汤）培养基配方成分如下：

牛肉浸膏，5 g	氯化钠，5 g
蛋白胨，10 g	水，1 000 mL

调 pH 至 7.4~7.6

（2）溶解

一般情况下，几种药品可一起倒入烧杯内，先加入少于总体积的水量进行加热溶解，并不断搅拌，溶解后再补足水分。在配制化学成分较多的培养基时，有些药品（如磷酸盐和钙盐、镁盐等）混在一起容易产生结块、沉淀，宜按配方依次溶解。

（3）调节 pH

未调节 pH 的培养液往往偏酸，若 pH 不适宜应用 NaOH 溶液进行调整。调整方法为：量取 50 mL 溶解的培养液，用滴管逐滴加入 0.1 mol/L NaOH 溶液，边搅动边用精密的 pH 试纸或 pH 计测其 pH，直到符合要求时为止，记录 0.1 mol/L NaOH 的用量。然后计算剩余培养液所需 0.1 mol/L NaOH 用量，换算成 1 mol/L NaOH 用量加入培养液中。培养液 pH 可以略高 0.1~0.2，因为培养液经高压灭菌后其 pH 往往会下降。目前有市售营养肉膏汤合成培养基干粉，按照说明直接称量加水配制无须调整 pH。

（4）过滤

培养液要趁热用四层纱布过滤。有些培养液可以不过滤，这需要视具体情况而定。

（5）分装加塞

按照实验要求进行分装。在分装过程中，应注意勿使培养基沾污管口或瓶口，以免造成污染。根据需要的半固体培养基、固体培养基的量，按比例加入琼脂。

1）液体培养基的分装

分装高度以试管高度的 1/4 左右为宜。量取 50 mL 肉膏汤培养基分装入小试管，每管约 2.5 mL 共 20 支。液体培养基瓶装的量根据需要而定，一般以不超过瓶容积的 1/2 为宜。

2）半固体培养基的制作与分装

量取 100 mL 液体培养基，加入 0.5 g 琼脂粉，水浴加热搅拌溶解。溶解后分装入小试管，每管 3~3.5 mL，装入量以不超过试管高度的 1/3 为宜，共 30 支。灭菌后垂直待凝。

3）固体培养基的分装

量取 50 mL 液体培养基，加入 1 g 琼脂粉，水浴加热搅拌溶解。溶解后分装入小试管，每管 2.5~3 mL，装入量以不超过试管高度的 1/5 为宜，共 20 支。灭菌后搁置成斜面待凝。斜面长度不超过试管长的 1/2。

另外，将剩余的约 200 mL 肉膏汤培养基倒入培养瓶中，加入 2% 琼脂，加盖包扎灭菌待冷却后倾注平板。

（6）包扎

加塞后，试管一般应以 10 支一组捆扎，在塞子外包一层牛皮纸，并用橡皮筋或者棉绳扎好。培养瓶的塞子外包一层牛皮纸或双层报纸，以防灭菌时冷凝水沾湿塞子。然后用记号笔注明培养基名称、日期等。

（7）灭菌

培养基的灭菌温度和时间，需按照各种培养基的规定进行，以保证灭菌效果和不损坏培养基的必要成分，常用高压蒸汽灭菌法的压力为 0.1 MPa，温度为 121℃，时间为 20 min。其具体操作步骤如下。

1）加水

首先将灭菌筐取出，再向锅内加入适当的水，使水面与三脚架相平为宜。注意切勿忘记加水，同时水量不可过少，以防灭菌锅干烧引起事故。关好排水阀门。

2）放入待灭菌物品

将要灭菌的培养基装入灭菌筐中，并用牛皮纸盖好后放入灭菌锅中。注意不要放得太满。

3）加盖，设置灭菌参数

关上器盖，确保高压灭菌器不漏气。设定灭菌温度为 121℃，灭菌时间为 20 min。

4）加热、排放冷空气及升温灭菌

通电加温，同时打开排气阀门，排尽锅内冷空气后，可关闭排气阀门。如果过早关闭阀门，排气不彻底，达不到彻底灭菌的目的。全自动高压灭菌器此步可省略。

5）灭菌完毕降温及后处理

当压力表指针降到零时，打开排气阀门，使锅内蒸汽排尽。打开锅盖取出培养基。注意勿在压力未归零时过早排气，否则会使锅内的培养基沸腾而冲出或沾湿试管塞。

（8）搁置斜面或倾注平板

1）搁置斜面

趁热将灭菌的试管培养基管口端搁在玻璃棒或其他合适高度的支撑物上。搁置的斜面长度为试管长度的 1/3 ~ 1/2，斜面的搁置示例见图 2-5-1。

2）倾注平板

灭菌完毕后，将固体培养基置于 55℃ 恒温水浴锅温浴 15 ~ 20 min。当冷却至 55℃ 时，在无菌室内以无菌操作倾入无菌的空平皿内，冷凝后即成（图 2-5-2）。具体方法为：先打开盖子，将瓶口通过火焰灭菌（勿烧得过烫，以免培养基流经瓶口时瓶口炸裂），微启平皿盖，使恰好容瓶口伸入，将培养基迅速倾入后盖上皿盖，并将平皿于桌上轻轻地回旋转动使培养基平铺于皿底。90 mm 直径的平皿约需 15 ~ 20 mL 培养基，待凝固后翻转平皿。

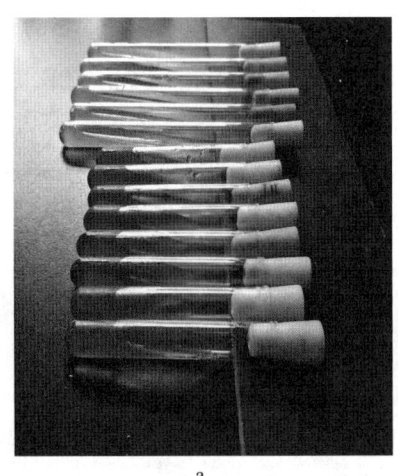 

a 　　　　　　　　　　　　　　　　b

图 2-5-1　斜面的搁置示例

a. 培养基数量少时直接进行斜面搁置；b. 大量配制培养基时以小捆进行斜面搁置

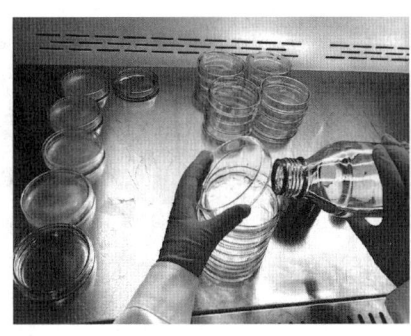 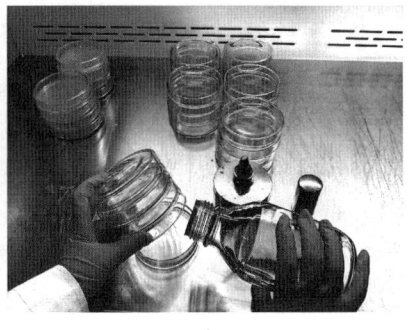

a 　　　　　　　　　　　　　　　　b

图 2-5-2　倾注倒平板示例

a. 叠皿法；b. 分皿法

（9）无菌观察

培养基经灭菌后，置 35℃培养箱 18～24 h 进行无菌试验检查灭菌效果。合格者，放入 4℃冰箱保存备用。

2. 注意事项

（1）药品称完后应及时将瓶盖盖紧，药品匙不可混用，多出的药品不能倒回药品瓶中。

（2）调整 pH 时应小心操作，避免回调而影响培养基内离子浓度。

（3）培养基内含有琼脂直接加热时应注意不断搅拌，以防琼脂糊底或溢出。水浴加热可以避免琼脂糊底或溢出，但耗时稍长。待完全溶解后，要补足水分到需要的总体积。

（4）应根据不同培养基的配制特点具体操作。对于营养成分可采用低压灭菌，如在 0.056 MPa、30 min 灭菌葡萄糖溶液，对于无机盐（如磷酸盐与 Ca、Mg、Zn、Cu 等阳性离子）溶液可以将几种成分分别灭菌，临用前无菌混合。

（5）培养基含有营养物质但并非无菌，且各类容器等均含有各种微生物。因此，培养基配制完成后必须立即灭菌，若不能及时灭菌应暂缓冷藏，以防止其中的微生物生长而改变培养基的营养比例和酸碱度带来的不利影响。

（6）灭菌时工作人员不能离开现场，应密切观察放气阀和安全阀是否关闭、皮圈有否漏气、压力表指示是否正确等。切勿使高压蒸汽灭菌锅超过耐压范围，以防发生爆炸，造成严重事故。

（7）高压灭菌效果的检测。高压物品内层可以放置化学指示剂或指示卡观察是否变为与灭菌合格标准色相同，外层可用化学指示胶带可作为物品是否经过灭菌的处理标志。最好的办法是用嗜热脂肪芽孢（ATCC 7953）菌片作为生物指示菌检验高压灭菌效果。

（8）灭菌时压力过高易对培养基的质量造成以下不良影响。

1）易浑浊、沉淀

天然培养基成分加热沉淀出大分子多肽聚合物，培养基中 Ca、Mg、Fe、Zn、Cu、Sb 等阳性离子与培养基中的可溶性磷酸盐共热沉淀。

2）营养成分破坏或改变

酸度较高时，淀粉、蔗糖、乳糖灭菌过程中易水解。pH7.5，0.1 MPa 灭菌 20 min 时，葡萄糖破坏 20%，麦芽糖破坏 50%。若培养基中有磷酸盐共存，葡萄糖转变成酮糖类物质，培养液由淡黄色变为红褐色，破坏更为严重。

3）产生抑制物质

pH7.2 时，培养基中葡萄糖、蛋白胨、磷酸盐在 0.1 MPa 灭菌 15 min 以上可产生对微生物生长的某种抑制物。

4）培养基 pH 下降

高压灭菌后培养基 pH 降低 0.2~0.3。

5）产生冷凝水

高压蒸汽灭菌过程会产生冷凝水，降低培养基成分浓度。

（9）其他

经高压灭菌后有些营养成分易分解失去使用价值，可采用间歇蒸汽灭菌法。采取将培养基放入高压灭菌器内，加热至 100℃，保持 1 h，每天一次，连续进行三次，既可达到灭菌的目的，又不使营养物质分解。工业发酵生产中还有采用连续加压灭菌法和连续蒸煮法等。

五、实验结果

将配制完成的液体培养基、半固体培养基、斜面培养基及平板培养基做好标记，包括名称和配制时间。收集好置 4℃冰箱保存备用。

思 考 题

1. 什么叫培养基？有什么功能？微生物的培养基应该具备哪些条件？
2. 配制培养基有几个主要步骤？在操作过程中应注意些什么问题？
3. 在使用高压蒸汽灭菌锅灭菌时，怎样杜绝一切不安全的因素？
4. 高压蒸汽灭菌开始之前，为什么要将锅内冷空气排尽？灭菌完毕后，为什么待压力降至"0"时才能打开排气阀开盖取物？

附：培养基介绍

1. 培养基的主要成分

水分占微生物细胞鲜重的70%～90%，其具有重要的生理功能。配制培养基可用天然水和蒸馏水。天然水含有微量杂质，可用作养料。蒸馏水不含杂质，可保证实验结果的准确性。

碳源是微生物的重要营养物质，用于合成细胞物质和提供生命活动所需的能量。配制培养基的碳源很多，其中最常用的碳源是葡萄糖。其他碳源还有糖类（如蔗糖、麦芽糖、甘露醇、淀粉、纤维素）、脂肪、蛋白质、有机酸、醇类、烃类等。

氮源是组成细胞蛋白质的主要成分。除了某些固氮细菌能利用分子态氮外，其他微生物都需要化合态氮作为养料。配制培养基常用的无机氮有铵盐和硝酸盐；常用的有机氮有蛋白胨、牛肉膏（牛肉浸汁）、酵母膏、豆芽汁、氨基酸等。

许多矿物质（如磷、硫、钾、钙、镁、铁等）或是酶的成分，或是生理调节剂。配制培养基时，常用含有这些元素的盐类（如磷酸氢二钾、硫酸镁、氯化钙、硫酸亚铁、氯化铁、硫酸锰等）。如果采用天然的植物性或动物性物质制备培养基，则无须添加上述无机盐（或只需添加部分无机盐），因为它们本身就含有这些元素。除非有特殊的营养需要，一般培养基不外加微量元素，天然水中以及其他配料中所含杂质已能满足要求。

一些微生物的生长需要外加生长因子（如维生素、氨基酸、碱基等），在配备培养基的过程中，一般通过添加蛋白胨、酵母膏、牛肉膏等天然材料及其制品来满足。

2. 培养基的种类

根据不同的标准，可将培养基分为多种不同的类型。

（1）根据培养基的组成成分，培养基可分为以下几种。

1）天然培养基

由化学成分还不清楚或化学成分不恒定的天然有机物（如蛋白胨、牛肉膏、玉米浆、血液、马铃薯等）为主要成分配制而成的培养基。

2）合成培养基

由化学成分完全了解的化学物质按一定比例配制而成的培养基。例如，由无机盐和各种有机化合物（糖、氨基酸、维生素等）配制而成的培养基。

（2）根据培养基的物理状态，培养基可分为以下几种。

1）液体培养基

不加凝固剂，将各种培养基组分溶于水即成，培养基呈液体状态，常用于大量生产和增菌培养，如肉汤培养基。

2）固体培养基

加入 1%~2% 左右的凝固剂，培养基呈固体状态；或直接将马铃薯块、胡萝卜条等固体表面用作培养基。常用于微生物的分离纯化和菌种保藏，如牛肉膏蛋白胨琼脂培养基。

3）半固体培养基

加入 0.2%~0.5% 凝固剂，培养基呈半固体状态。此类培养基常用于细菌运动能力观察。

（3）根据实验目的和用途，培养基可分为以下几种。

1）基础培养基

含有细菌生长所需的基本营养成分。可以无选择地满足一般微生物生长需要的培养基，也是配制其他培养基的基础成分。最常用的基础培养基就是牛肉膏蛋白胨培养基，主要成分含牛肉浸膏和蛋白胨。

2）营养培养基

在基础培养基中添加葡萄糖、血液、生长因子等一些特殊成分配成的培养基，其可以满足营养要求比较苛刻的某些异养微生物的生长需要。最常用的是血琼脂平板。

3）选择培养基

利用某一种或某一类微生物的特殊营养要求或特殊环境要求，在培养基中加入某些化学物质或抗生素而配成的培养基，可以抑制非目的微生物的生长，同时促进目的微生物的生长。SS 琼脂就是肠道致病菌选择性培养基之一。

4）鉴别培养基

利用微生物的生物化学特性，在培养基中加入某种化学试剂配成的培养基，可根据培养后发生的某些变化来区分不同类型的微生物。如 KIA 培养基、MIU 培养基。

5）特殊培养基

特殊培养基包括厌氧培养基、细菌 L 型培养基等。厌氧培养基是为了培养专性厌氧菌的培养基，除含有合适的营养成分外，还加入还原剂以降低培养基氧化还原电势。常用有庖肉培养基等。L 型细菌由于细胞内的渗透压较高而细胞壁缺损,培养 L 型细菌的培养基采用高渗低琼脂培养基。

3. 培养基的凝固剂

在配制固体或半固体培养基时,需要使用一定量的凝固剂。常用的凝固剂有琼脂、明胶和硅胶。

(1) 琼脂

琼脂又叫洋菜,由海藻(主要是石花菜)提取而成,是一种多糖化合物,主要成分是复杂的多糖硫酸酯钙盐。一般不能被用作营养物质,但也能被极少数细菌分解利用。琼脂是一种可逆性胶体,在实验常用的浓度下,加热到 95 ℃ 以上时成为溶胶,降温到 45 ℃ 以下时成为凝胶。

(2) 明胶

明胶由动物胶原组织(如皮和肌腱等)经沸水溶解熬制而成,主要成分是蛋白质。由于这类蛋白质缺乏微生物所必需的氨基酸,营养价值不大。由明胶制成的培养基加热到 24 ℃ 以上融化,降温到 20 ℃ 以下凝固。有些细菌能分解明胶而使其液化,可用于配制鉴别培养基。

(3) 硅胶

硅胶是无机硅酸钠、硅酸钾与盐酸、硫酸进行中和反应而产生的胶体。由于硅胶完全由无机物组成,在分离和研究自养型微生物时,可用作培养基的凝固剂。但一旦凝固,硅胶即不再融。

4. 干燥培养基

干燥培养基是将新鲜配制的液体培养基,用不同的方法除去其中的水分;或将培养基内的各种成分,经过适当处理,充分混匀,成干燥的粉末即成。用时只要按比例加入一定量的蒸馏水(各种干燥培养基商品均有使用说明),经过溶解、分装、高压灭菌,即可使用。其优点是节省培养基配制时间,携带方便,使用简单。

(李科伟 李劲松)

第三章
综合性实验

实验六 细菌的生理、生化反应

各种细菌具有不同的酶系统，能利用不同的底物（如糖、醇及各种含氮物质等），或虽利用相同的底物但产生的代谢产物却不同。通过在培养基中加入特定的试剂或pH指示剂，不同的代谢产物与这些试剂发生反应，显示出可见的颜色。用生理生化试验的方法检测细菌对各种基质的代谢作用及其代谢产物，从而鉴别细菌的种属，称为细菌的生理、生化反应，这种方法常被用来鉴别那些在形态或其他方面不易区分的细菌。即使在分子生物学技术和手段迅速发展的今天，细菌的生理、生化反应在菌株的分类鉴定中仍有很大作用，是研究细菌分类鉴定的重要依据之一。

一、实验目的

1. 认识染色方法鉴别细菌的局限性。
2. 掌握细菌鉴定中几个常用生理、生化反应的原理、方法和结果判断。
3. 根据生理、生化反应结果，对四株不同细菌作出分析鉴定。

二、实验内容

1. 葡萄糖氧化—发酵试验（O-F试验）。
2. 克氏双糖铁（KIA）试验。
3. 吲哚试验（靛基质试验）。
4. 甲基红试验（MR试验）。
5. V-P试验（伏-普试验，二乙酰试验）。
6. 柠檬酸盐利用试验。
7. 硫化氢试验。
8. 尿素分解试验。

三、实验材料与用具

1. 菌种

（1）大肠埃希菌（18~24 h 斜面培养物），1 支/组。

（2）普通变形杆菌（*Psoteus vulgaris*）（18~24 h 营养琼脂斜面纯培养物），1 支/组。

（3）铜绿假单胞菌（18~24 h 营养琼脂斜面纯培养物），1 支/组。

（4）产气肠杆菌（*Enterobacter aerogenes*）（18~24 h 营养琼脂斜面纯培养物），1 支/组。

2. 用具

试管架、防爆酒精灯、接种针、记号笔、打火机等。

3. 培养基

O-F 发酵管、KIA、蛋白胨水培养基、磷酸盐葡萄糖蛋白胨水培养基、柠檬酸盐培养基、尿素培养基。制作方法见书末附页常用培养基的配制。

4. 试剂

（1）甲基红试剂，1 瓶/组。

（2）V-P 试剂

Ⅰ液：5% α-萘酚无水乙醇溶液，1 瓶/组。

Ⅱ液：40% KOH 溶液，1 瓶/组。

（3）Ehrlich 或 Kovac 吲哚试剂（对二甲氨基苯甲醛），1 瓶/组。

（4）无菌液体石蜡，1 瓶/组。

5. 仪器

电热恒温培养箱。

四、实验方法

1. 接种方法

生理生化管的接种通常要用接种针，不用接种环，以避免使含琼脂培养基开裂造成假性产气，影响动力观察。

（1）O-F 试验

1）标记。

2）接种

以无菌操作方式，用接种针移取大肠埃希菌纯培养物少许，穿刺接种到 2 支 O-F 管中。

3）滴加液体石蜡

在其中 1 支管中加入无菌液体石蜡，厚度达 1 cm 以上为闭管；不加液体石蜡暴露于空气中为开管。

4）培养

37℃培养18～24 h观察结果。

同法，分别接种铜绿假单胞菌、普通变形杆菌、产气肠杆菌各2支于O-F管。

（2）KIA试验

1）接种方法

取菌种管、KIA琼脂斜面，分别拔去塞子，管口过火焰。将取有试验菌的接种针在KIA斜面自下而上划一条线，再直刺入KIA的高层并原路退回，然后在斜面上连续划线。

取出接种针，试管口过火焰，加塞子，灭菌接种针。

2）培养

置37℃培养18～24 h，观察结果。

将四种试验菌分别接种到4支KIA琼脂斜面。

（3）吲哚试验

1）接种与培养

取蛋白胨水培养基试管，分别接种大肠埃希菌、产气肠杆菌、铜绿假单胞菌、普通变形杆菌，并在试管上注明菌名。置37℃培养18～24 h。

2）结果观察

培养后加入Ehrlich或Kovac吲哚试剂（对二甲氨基苯甲醛），不要摇动，液面出现红色环为阳性。

（4）甲基红试验

1）接种与培养

取葡萄糖蛋白胨水培养基，分别接种大肠埃希菌、产气肠杆菌、铜绿假单胞菌、普通变形杆菌，置37℃恒温培养18～24 h。

2）结果观察

培养后沿管壁加入甲基红指示剂数滴，观察结果，呈现红色者为阳性，呈现黄色者为阴性。

（5）伏-普试验

1）接种与培养

取葡萄糖蛋白胨水培养基，分别接种大肠埃希菌、产气肠杆菌、铜绿假单胞菌、普通变形杆菌，置37℃恒温培养18～24 h。

2）结果观察

培养后取出加入V-P试剂Ⅰ液和Ⅱ液，混匀，可放置37℃温箱中保温15～30 min，以加快反应速度。如呈红色者为VP试验阳性，不呈红色者为阴性。

（6）柠檬酸盐利用试验

1）接种与培养

取柠檬酸盐斜面，分别接种大肠埃希菌、产气肠杆菌、铜绿假单胞菌、普通变形杆菌,置37℃恒温培养24~48 h后观察。

2)结果观察

培养基颜色由绿色变为深蓝色者为阳性,不变为阴性。

(7)硫化氢试验

1)接种与培养

取H_2S试验用培养基(内含有柠檬酸铁铵),分别接种大肠埃希菌、产气肠杆菌、铜绿假单胞菌、普通变形杆菌,在试管上注明菌名,置37℃恒温培养18~24 h。

2)结果观察

培养后取出观察,有黑色沉淀产生者为阳性。

(8)尿素分解试验

1)接种与培养

取尿素培养基,分别接种大肠埃希菌、产气肠杆菌、铜绿假单胞菌、普通变形杆菌,置37℃培养箱培养24 h。

2)结果观察

培养基变为玫瑰红色者为阳性。

2. 结果观察

(1)O-F试验

O-F试验两管均变黄色(产酸)为发酵型(F);仅开管变黄,封闭管不变黄为氧化型(O);均不变色为产碱型(不分解糖型)。结果分析见表3-6-1和图3-6-1。

表3-6-1 O-F试验结果分析

类型	开口管	加液体石蜡管
1. 发酵型(F)	a 绿色→黄色	b 绿色→黄色
2. 氧化型(O)	c 绿色→黄色	d 绿色不变
3. 产碱型(不分解糖型)	e 绿色→蓝色(或不变)	f 绿色不变

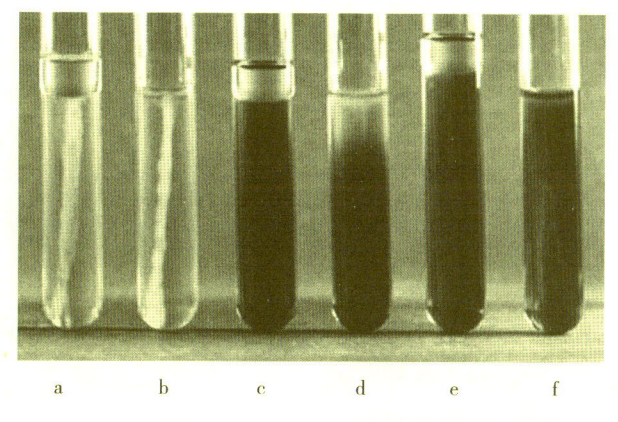

图3-6-1 O-F试验结果

（2）KIA试验

KIA试验可同时观察细菌对葡萄糖和乳糖的利用情况，以及是否产生硫化氢（变黑）。结果见图3-6-2。分析和记录方法见表3-6-2。

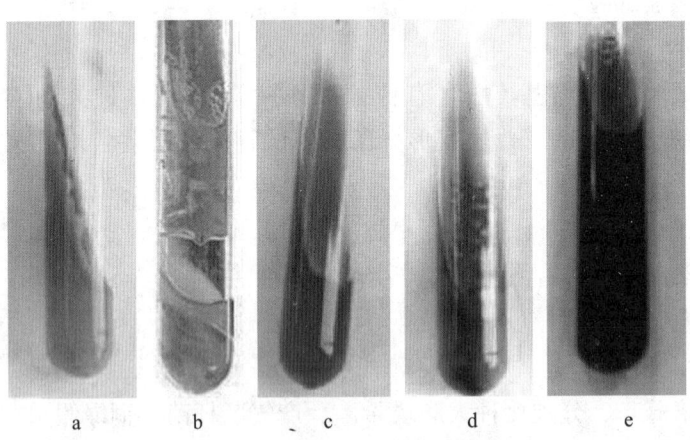

图3-6-2　KIA试验结果

表3-6-2　KIA试验结果分析及记录方法

生长现象	结果判断	记录方法
a. 高层黄色，斜面红色	利用葡萄糖产酸，不利用乳糖	K/A；–/+
b. 高层黄色并有气泡，斜面黄色	利用葡萄糖产酸产气，利用乳糖产酸	A/AG；+/⊕
c. 高层红色不变，斜面红色	不利用葡萄糖，不利用乳糖	K/K；–/–
d. 高层黄色并有气泡，斜面红色，高层或斜面有黑色沉淀	利用葡萄糖产酸产气，不利用乳糖，产硫化氢	K/AG H$_2$S+；–/⊕；H$_2$S+
e. 底部、高层大量黑色	产大量硫化氢	H$_2$S++

（3）吲哚试验

培养后取出，缓慢滴加吲哚试剂数滴，有红色环出现者为阳性。也可以在培养液中先加入乙醚约1 mL（使呈明显的乙醚层），充分振荡，使吲哚溶于乙醚中，静置片刻，待乙醚层浮于培养基上面时，再沿管壁慢慢加入吲哚试剂1~2滴，观察有无红色环出现。注意：加入试剂后不可再摇动，否则被混合，红色不明显。见图3-6-3。

（4）甲基红试验

培养后，在葡萄糖蛋白胨水培养物内加入甲基红试剂2滴，培养基变为红

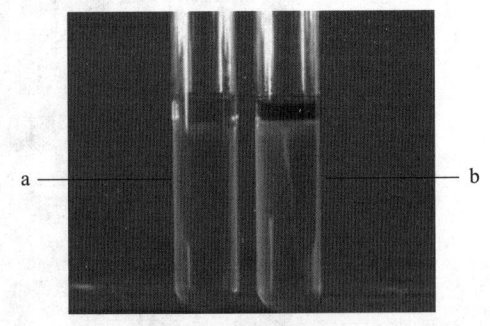

图3-6-3　吲哚试验结果

a. 阴性；b. 阳性

色者为阳性，变黄色者为阴性。注意甲基红试剂不要加太多，以免出现假阳性反应。见图 3-6-4。

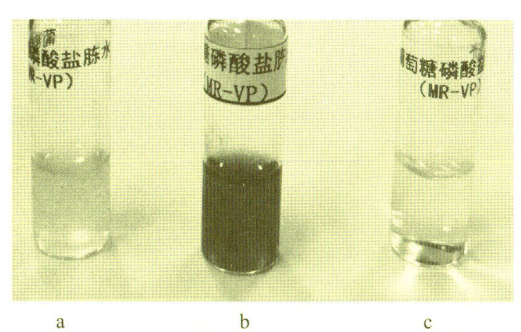

图 3-6-4　甲基红试验结果
a. 阴性；b. 阳性；c. 空白

（5）伏-普试验

培养后，在葡萄糖蛋白胨水培养物内加入 VP 试剂Ⅰ液 3～5 滴，然后加入 1～2 滴 VP 试剂Ⅱ液，混匀，再放入 37℃温箱中保温 15～30 min，以加快反应速度。培养物呈红色者为 VP 试验阳性。见图 3-6-5。

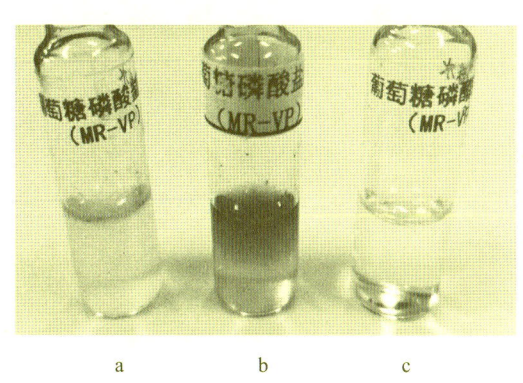

图 3-6-5　伏-普试验结果
a. 阴性；b. 阳性；c. 空白

（6）柠檬酸盐利用试验

培养后，观察柠檬酸盐斜面培养基上有无细菌生长及是否变色。培养基呈现蓝色者为阳性，绿色者为阴性。有细菌生长但蓝色不明显者仍为阳性。见图 3-6-6。

（7）硫化氢试验

培养后，取出观察有无黑色沉淀产生。有黑色出现者为阳性。见图 3-6-7。

（8）尿素分解试验

培养后，培养基变为红色者为阳性，不变者为阴性。变形杆菌属能迅速分解尿素（2～4 h），pH 快速上升使整个培养管呈现红色，在该属鉴定上有重要的参

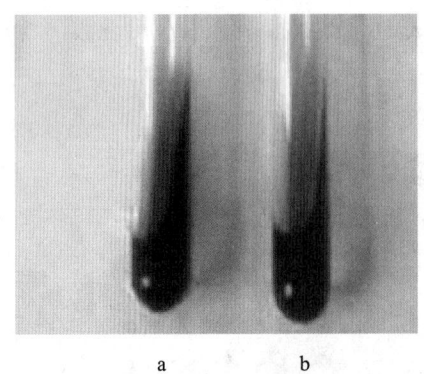

图 3-6-6　柠檬酸盐唯一碳源利用试验结果
a. 阳性；b. 阴性

图 3-6-7　硫化氢试验结果
a. 阴性；b. 阳性

考价值。注意无脲酶菌株在接触空气情况下会利用培养基中的蛋白胨产生胺而使反应管上部呈轻微红色。见图 3-6-8。

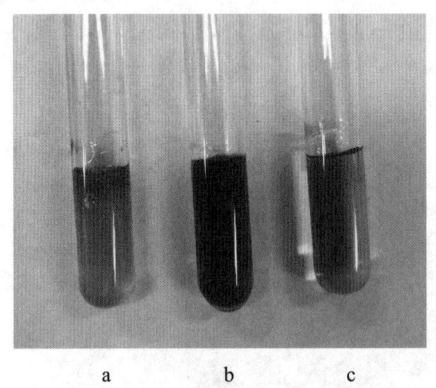

图 3-6-8　尿素分解试验结果
a. 阴性；b. 阳性；c. 空白

五、实验结果

阳性结果以"+"，阴性结果以"-"记录，将实验结果填入下表（表 3-6-3）。

表 3-6-3　细菌的生理、生化反应实验结果

反应项目与结果	大肠埃希菌	变形杆菌	产气肠杆菌	铜绿假单胞菌
O-F 试验				
KIA 试验				
吲哚试验				
甲基红试验				
伏-普试验				
柠檬酸盐利用试验				
硫化氢试验				
尿素分解试验				

实验六 细菌的生理、生化反应

思 考 题

1. 甲基红试验和伏-普试验的最初作用物以及最终产物有何异同点？为什么会出现最终产物的不同？
2. 请说出在硫化氢试验中醋酸铅的作用，可以用哪种化合物代替醋酸铅？

附：常见生化反应及其原理

1. 葡萄糖氧化-发酵试验（O-F 试验）

细菌在分解葡萄糖的过程中，必须有分子氧参加，称为氧化型。氧化型细菌在无氧环境中不能分解葡萄糖。这类细菌通常是专性需氧菌。细菌在分解葡萄糖的过程中，可以进行无氧降解的，称为发酵型。发酵型细菌无论在有氧或无氧的环境中都能分解葡萄糖。这类细菌通常为兼性厌氧菌。不分解葡萄糖的细菌，称为产碱型或不分解糖型。利用此试验可区分细菌的代谢类型。本试验又称 Hugh-Leifson（HL）试验，可用于肠杆菌科细菌与非发酵菌鉴别，前者均为发酵型，而后者通常为氧化型和产碱型。本试验也可用作微球菌科属间鉴别，微球菌属可氧化葡萄糖，而葡萄球菌则能发酵葡萄糖。因此，可利用本试验检测细菌的代谢类型，进而鉴别细菌。

2. 克氏双糖铁（KIA）试验

本试验主要用于观察细菌对葡萄糖、乳糖分解情况。细菌分解葡萄糖、乳糖产酸产气，使斜面与底层均呈黄色，且有气泡。若细菌只分解葡萄糖而不分解乳糖，分解葡萄糖产酸使 pH 降低，因此斜面和底层均先呈黄色，但葡萄糖含量较少，所生成的少量酸可因接触空气而氧化，并因细菌生长繁殖利用含氮物质生成碱性化合物，使斜面部分又变成红色，底层由于处于缺氧状态，细菌分解葡萄糖所生成的酸类一时不被氧化而仍保持黄色。细菌产生 H_2S 时与培养基中硫酸亚铁作用，形成黑色的硫化铁。

3. 吲哚试验

有些细菌含有色氨酸酶，能分解蛋白胨中的色氨酸产生吲哚，吲哚与对二甲基氨基苯甲醛结合，就会形成玫瑰吲哚，此为红色化合物。大肠埃希菌此反应呈阳性，产气肠杆菌呈阴性。

4. 甲基红试验

某些细菌在糖代谢过程中，将培养基中的糖先分解为丙酮酸，丙酮酸再分解为甲酸、乙酸、乳酸等，使培养基变酸。用甲基红指示剂 [pH 4.2（红色）~6.3（黄色）]，可使培养基由原来的橘黄色变为红色，即甲基红试验阳性反应。大肠埃希菌阳性反应，产气肠杆菌阴性反应。

5. 伏-普试验（vogesprokauer test，V-P 试验）

某些细菌可利用葡萄糖产生丙酮酸，丙酮酸进行缩合，脱羧变成乙酰甲基甲醇，此物在碱性条件下被空气中的氧气氧化成二乙酰。二乙酰与蛋白胨中精氨酸的胍基作用生产红色化合物，即伏-普试验阳性反应，无红色化合物产生为阴性。

6. 柠檬酸盐利用试验

有些细菌（如产气肠杆菌）能利用柠檬酸钠作为唯一碳源，有些细菌（如大肠埃希菌）不能利用。细菌在分解柠檬酸钠盐及培养基种的磷酸铵后，产生碱性化合物，使培养基的 pH 升高，在有 1% 溴麝香草酚蓝指示剂的情况下，培养基由绿色变为深蓝色。指示剂的指示范围为：pH 小于 6.0 时呈黄色，pH 为 6.0～7.6 时为绿色。

7. IMViC 试验

"IMViC" 是吲哚实验（indol test）、甲基红实验（methyred test）、伏-普试验（vogesprokauer test，V-P 试验）和柠檬酸盐利用试验（citrate test）英文首字母的组合，是 4 个主要用来鉴别大肠埃希菌和产气肠杆菌等肠道菌群的试验。大肠埃希菌作为粪便污染的指示菌应用越来越多，水的细菌学检查要将产气肠杆菌两者分开。

8. 硫化氢试验

有些细菌能分解含硫有机物，如分解胱氨酸、半胱氨酸和甲硫氨酸，产生硫化氢（H_2S），H_2S 遇重金属盐类（如铅盐或铁盐等）则形成黑色的硫化铅或硫化铁的沉淀物，从而确定 H_2S 的产生。测定方法有两种：一种是用含有柠檬酸铁铵的培养基作穿刺培养看是否有黑色沉淀产生；另一种是在盛有液体培养基的试管中接种菌以后，在试管的棉塞下吊一片醋酸铅试纸，经培养后看醋酸铅试纸是否变黑。醋酸铅试纸的制法：将普通滤纸浸在 1% 的醋酸铅溶液中，取出晾干，高压灭菌后 105 ℃ 烘干备用。

9. 尿素分解试验

尿素是由大多数哺乳动物消化蛋白质后被分泌在尿中的废物。尿素酶能分解尿素释放出氨，这是一个分辨细菌很有用的诊断实验。尽管许多微生物都可以产生尿素酶，但它们利用尿素的速度比变形杆菌属（proteus）的细菌要慢，因此尿素酶试验被用来从其他非发酵乳糖的肠道微生物中快速区分这个属的成员。尿素琼脂含有蛋白胨、葡萄糖、尿素和酚红。酚红在 pH 6.8 时为黄色。在培养过程中，产生尿素酶的细菌分解尿素产生氨，使培养基的 pH 升高，在 pH 升至 8.4 时，指示剂就转变为深玫瑰红色。

（李科伟　曾爱兵）

实验七 药敏实验（K-B 法）

临床应用抗菌药物时，必须了解各种药物的抗菌作用和抗菌范围，还要考虑不同细菌，其至同种异株的细菌，对同一抗菌药物的敏感性。由于抗菌药物的广泛应用，导致耐药菌株不断出现，这也是必须了解和考虑的内容。因此，进行抗菌药物的实验室监测，对临床选择最佳药物和药物用量十分重要。

目前常用的药敏实验方法是纸片扩散法，该法操作简便，容易掌握，但受多种因素的影响，使结果不够准确。要使结果可靠，操作上的技术细节必须经过标准化处理并加以控制。美国临床和实验室标准化委员会（Clinical and Laboratory Standards Institute，CLSI）纸片扩散法敏感试验分委会所推荐的标准方法即是以 Kirby 和 Bauer 建立的 K-B 法为基础，这是目前最完善的标准实验方法，其中的解释标准是由临床和实验室的数据发展而来并得到证实。

本实验所用的方法为 Kirby-Bauer 法（K-B 法），即常用的纸片扩散法，其原理是将干燥的浸有一定浓度抗菌药物的滤纸片放在已接种一定量某种细菌的琼脂平板上。药物在琼脂中的浓度随离开纸片的距离增大而降低。当琼脂内的药物浓度恰高于该药对待检细菌的最低抑菌浓度时，细菌生长受到抑制。经培养后，可在纸片周围出现无细菌生长区，称抑菌环。测量抑菌环的大小，即可判定该细菌对某种药物的敏感程度。

一、实验目的

1. 掌握 Kirby-Bauer 法的实验操作技术。
2. 掌握 Kirby-Bauer 法的注意事项和质量控制。

二、实验内容

1. 标准菌株检测备检培养基、药敏纸片的质量。
2. Kirby-Bauer 法检测临床分离菌株的药敏结果。

三、实验材料和用具

1. 菌种

（1）金黄色葡萄球菌（*Staphylococcus aureus*，ATCC25923）。

（2）大肠埃希菌（ATCC25922）。

（3）耐甲氧西林金黄色葡萄球菌（*methicillin-resistant staphylococcus aureus*，MRSA）。

（4）大肠埃希菌待测菌株，1 株。

2. 用具

试管架、接种环、接种针、记号笔、0.5 单位麦氏比浊管、无菌棉签、镊子、防爆酒精灯、打火机、灭菌滤纸圆片。

3. 培养基

M-H 琼脂平板。

4. 试剂

青霉素 G、氨苄西林、环丙沙星、阿米卡星、复方磺胺、庆大霉素、头孢他啶（复达欣）、头孢唑啉（先锋霉素 5 号）、头孢西丁、无菌生理盐水。

5. 仪器

电热恒温培养箱、比浊仪、漩涡混合器。

四、实验方法

1. 药敏纸片的制备

取灭菌滤纸圆片浸泡各种药物溶液，使每片的含药浓度相当于所需标准浓度，如每枚纸片的药物含量：青霉素 1 μg，其他抗生素 10 μg，磺胺 100 μg。然后用冷冻干燥法抽干后备用。

目前，各种抗菌药物纸片均有商品供应，无须自行制备。

2. 生产药敏纸片用纸的要求

（1）纸片大小

标准纸片的直径规定为 6.00～6.35 mm，吸水量为 20 μL 的专用药敏纸片用逐片加样法或浸泡法使每片含药量达规定标准。

（2）标准纸重与吸水性要求

标准空白滤纸规定纸重为 $(30±4)$ mg/cm^2；纸吸水性为本身重量的 2.5～3.0 倍；纸本身应为中性，限制纸中的缓冲物质含量，不存在影响抗菌活性的二价金属离子。

3. 保存方法

（1）低温保存

含抗菌药物纸片均应保存于含硅胶的容器内，依药物种类的不同，可分别在 10℃ 以下或 -14℃ 以下保存。含青霉素类药物和头孢菌素类药物纸片，除拿出少许放冰箱满足一周常规之用外，其余冷冻保存。

（2）注意使用有效期

纸片需于用前 1～2 h 从冰箱取出，使其在室温平衡后再启开，这样可减少冷容器壁上出现的冷凝水。纸片只能在有效期内使用，过期纸片应弃去。

4. 标准比浊管的制备

（1）麦氏比浊管配制

将 0.25% BaCl$_2$ 溶液加入 1% H$_2$SO$_4$ 99.5 mL（见表 3-7-1），充分混匀。选管

径与制备菌液试管相同的螺口试管，每管分装 4～6 mL，密封。其浊度相当于麦氏比浊管第一管的 1/2（1.5×10^9/mL）。

（2）贮存

贮存于室温暗处，每半年重配一次。

表 3-7-1 标准比浊管的配制

0.25% $BaCl_2$（mL）	1% H_2SO_4	相当于湿菌浓度（mg/mL）
0.2	9.8	0.5
0.4	9.6	1
0.8	9.2	2
1.2	8.8	3
1.6	8.4	4
2.0	8.0	5

5. 培养基要求

（1）水解酪蛋白（mueller-Hinton，M-H）培养基

CLSI 采用的兼性厌氧和需氧菌药敏试验标准培养基，pH 为 7.2～7.4，对那些营养要求高的细菌需加入补充物质。（注：CLSI 为临床实验室标准化协会，以前称 NCCLS）。

（2）平板 M-H 琼脂厚度要求

琼脂厚度为 4 mm，直径 90～100 mm 的平板加入琼脂量为 25～30 mL。使用前注意使其表面干燥。

6. 操作步骤

（1）菌悬液配制与比浊

按无菌操作法，用接种环从培养平板上蘸取细菌。挑取标准菌株（金黄色葡萄球菌 ATCC25923、大肠埃希菌 ATCC25922）的菌落 3～4 个，分别加入 5 mL 无菌生理盐水，比浊达 0.5 麦氏单位。用无菌棉拭子蘸取菌液，在管内壁将多余菌液旋转挤去后，在琼脂表面均匀涂布 3 次，每次旋转 60°，最后沿平板内缘涂抹一周，以便生长出均匀的菌苔（注意不要划破培养基）。用同样的方法处理另外 2 株待测菌株。

（2）贴药敏纸片

平板在室温下干燥 3～5 min。蘸有酒精的小镊子点燃灭菌，待冷后用镊子取药物纸片按图 3-7-1 贴于平板培养基上，轻轻按压贴紧。注意各纸片距离，相距 >24 mm，纸片距平板内缘 >15 mm，见图 3-7-1。

以下药敏纸片的选择仅供参考。G^- 菌：环丙沙星、阿米卡星、复方磺胺、庆大霉素、头孢他啶、头孢唑啉、头孢西丁；G^+ 菌：青霉素 G、氨苄青霉素、头孢唑啉、红霉素、复方磺胺、庆大霉素、头孢他啶、阿米卡星等。

（3）培养

做好标记，放 35℃温箱培养 16～18 h 观察结果。甲氧西林和万古霉素敏感试验应孵育 24 h。

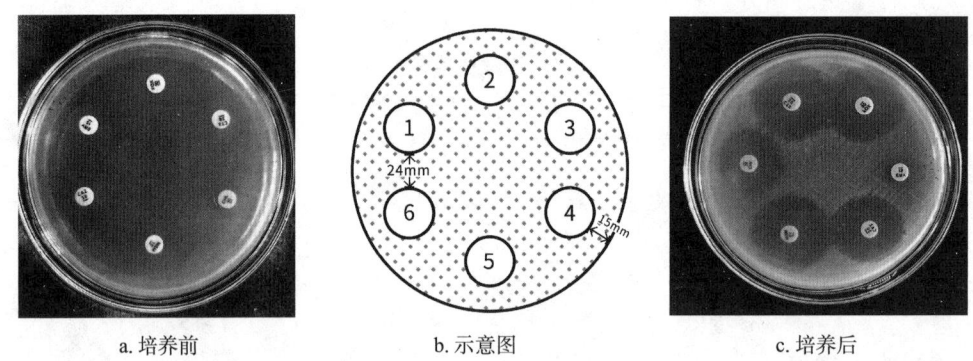

a. 培养前　　　　　　　b. 示意图　　　　　　　c. 培养后

图 3-7-1　K-B 法药敏实验纸片贴法

a. 直径 9 mm 培养皿最多贴 6 张药敏纸片；b. 各纸片相距 > 24 mm，
纸片距平板内缘 > 15 mm；c. 培养后出现抑菌圈

五、实验结果

培养结束后，观察标准菌株抑菌圈的大小。如标准菌株抑菌圈直径在表 3-7-2 所列范围，说明药物试验的条件合格。

观察试验菌株纸片周围有无抑菌环，并测其直径大小。最终判断细菌对每种抗菌药物的敏感程度，以敏感（S）、中介（I）、耐药（R）报告实验结果。

判定标准根据实验条件的不同可有所不同。葡萄球菌和大肠埃希菌抑菌环直径与结果解释的标准见表 3-7-3 和表 3-7-4。

思　考　题

请问 Kirby-Bauer 法操作需要注意哪些事项？

附：药敏实验结果判断方法

1. 抑菌环直径测量值报告中可有"敏感""中介"或"耐药"，其具体定义如下。

（1）敏感（S）

"敏感"系待测菌株能被抗菌药物使用推荐剂量在感染部位通常可达到的浓度所抑制。

实验七 药敏实验（K-B法）

表 3-7-2 纸片扩散法药敏试验质量监测的控制界限及单个测定的抑菌环的允许范围

编号	型号	代号/含量 <μL>	质控菌抑菌环允许范围（mm）			
			大肠埃希菌 ATCC25922	金黄色葡萄球菌 ATCC25923	铜绿假单胞菌 ATCC27853	大肠埃希菌 ATCC35218
1	头孢噻肟	CTX30	29~35	25~31	18~22	—
2	头孢曲松	CRO30	29~35	22~28	17~23	—
3	头孢哌酮	CFP75	28~34	24~33	23~29	—
4	头孢他啶	CAZ30	25~32	16~20	22~29	—
5	头孢呋辛	CXM30	20~26	27~35	—	—
6	头孢唑啉	CZO30	21~27	29~35	—	—
7	头孢西丁	FOX30	23~29	23~29	—	—
8	头孢吡肟	FEP30	31~37	23~29	25~31	—
9	哌拉西林	PIP100	24~30	—	25~33	12~18
10	苯唑西林	OXA1	—	18~24	—	—
11	氨苄西林	AMP10	15~22	27~35	—	6
12	羧苄西林	CRB100	23~29	—	18~24	—
13	替卡西林	TIC75	24~30	—	21~27	6
14	左氧氟沙星	LVX5	29~37	25~30	19~26	—
15	环丙沙星	CIP5	29~37	22~30	25~33	—
16	氧氟沙星	OFX5	29~33	24~28	17~21	—
17	洛美沙星	LOM10	27~33	23~29	22~28	—
18	加替沙星	GAT5	30~37	27~33	20~28	—
19	氟罗沙星	FLE5	28~34	21~27	12~20	—
20	诺氟沙星	NOR10	28~35	17~28	22~29	—
21	庆大霉素	GEN10	19~26	19~27	17~23	—
22	司帕沙星	SPX5	30~38	27~33	21~29	—
23	多西环素	DOX30	18~24	23~29	—	—
24	米诺环素	MNO30	19~25	25~30	—	—
25	克拉霉素	CLR15	—	26~32	—	—
26	万古霉素	VAN30	—	17~21	—	—
27	阿奇霉素	AZM15	—	21~26	—	—
28	卡那霉素	KAN30	17~25	19~26	—	—
29	克林霉素	CLI2	—	24~30	—	—
30	红霉素	ERY15	—	22~30	—	—
31	青霉素	PEN10U	—	26~37	—	—
32	氯霉素	CHL30	21~27	19~26	—	—
33	磷霉素	FOS200	22~30	25~33	—	—
34	链霉素	STR10	12~20	14~22	—	—

续表

编号	型号	代号/含量<µL>	质控菌抑菌环允许范围（mm）			
			大肠埃希菌 ATCC25922	金黄色葡萄球菌 ATCC25923	铜绿假单胞菌 ATCC27853	大肠埃希菌 ATCC35218
35	四环素	TCY30	18~25	24~30	—	
36	利福平	RIF5	8~10	26~34	—	—
37	阿莫西林/棒酸	AMC20/10	18~24	28~36	—	17~22
38	替卡西林/棒酸	TCC75/10	24~30	29~37	20~28	21~25
39	头孢他啶/棒酸	CCV30/10	25~32	16~20	22~29	
40	头孢噻肟/棒酸	CTC30/10	29~35	25~31	18~22	
41	头孢哌酮/舒巴坦	CSL75/30	28~34	24~33	23~29	
42	氨苄西林/舒巴坦	SAM10/10	19~24	29~37		24~30
43	哌拉西林/他唑巴坦	TZP100/10	24~30	27~36	25~33	13~20
44	复方新诺明	SXT25	23~29	24~32	—	
45	丁胺卡那	AMK30	19~26	20~26	18~26	
46	呋喃妥因	NIT300	20~25	18~22	—	
47	氨曲南	ATM30	28~35	—	23~29	
48	亚胺培南	IPM10	26~32		20~28	
49	美罗培南	MEM10	28~35	29~37	27~33	
50	妥布霉素	TOB10	18~26	19~29	20~26	
51	奈替米星	NET30	22~30	22~31	17~23	
52	头孢唑肟	CZX30	30~36	27~35	12~17	
53	头孢噻吩	CEP30	15~21	29~37	—	
54	替考拉宁	TEC30	—	15~21	—	
55	甲氧苄啶	TMP5	21~28	19~26		
56	呋喃唑酮	FRZ100		15~25		
57	新生霉素	NOV5	—	≥16		
58	杆菌肽	BAC0.04U	化脓链球菌 ATCC19615 形成抑菌环			
59	奥扑托新	OPT5	肺炎链球菌 ATCC49619 抑菌环 >14mm			
60	庆大霉素	GEN120	粪肠球菌 ATCC29212 抑菌环 16~23mm			
61	链霉素	STR300	粪肠球菌 ATCC29212 抑菌环 14~20mm			

（2）中介（I）

"中介"指药物在生理浓集的部位具有临床效力（如尿液中的喹诺酮类和β-内酰胺类）或可用高于正常剂量的药物进行治疗（如β-内酰胺类）。此分类还包括一个缓冲区，它可以避免微小的、未能控制的技术因素造成重大的结果解释错误，特别是对那些药物毒性范围窄的药物。

表 3-7-3　纸片扩散法（K-B 法）药敏试验葡萄球菌抑菌圈直径和 MIC 折点判定标准

抗菌药物	纸片含量	解释分类和抑菌圈直径折点（mm）				解释分类和 MIC 折点（μg/mL）			
		敏感（S）	SDD	中介（I）	耐药（R）	敏感（S）	SDD	中介（I）	耐药（R）
青霉素	10 U	≥29	—	—	≤28	≤0.12	—	—	≥0.25
苯唑西林（对应金黄色葡萄球菌和路邓葡萄球菌）	30 μg 头孢西丁替代苯唑西林	≥22	—	—	≤21	≤2（苯唑西林）≤4 头孢西丁	—	—	≥4（苯唑西林）≥8（头孢西丁）
苯唑西林（应用于表皮葡萄球菌）	1 μg 苯唑西林 30 μg 头孢西丁替代苯唑西林	≥18（苯唑西林）≥25（头孢西丁）	—	—	≤17（苯唑西林）≤24 头孢西丁	≤0.25（苯唑西林）	—	—	≥0.5（苯唑西林）
苯唑西林（假中间葡萄球菌和施氏葡萄球菌）	1 μg 苯唑西林	≥18	—	—	≤17	≤0.25	—	—	≥0.5
苯唑西林（其他葡萄球菌）	30 μg 头孢西丁替代苯唑西林	≥25（头孢西丁）	—	—	≤24（头孢西丁）	≤0.25（苯唑西林）	—	—	≥0.5（苯唑西林）
头孢罗膦（金黄色葡萄球菌）	30 μg	≥25	20～24	—	≤19	≤1	2～4	—	≥8
万古霉素（除金葡菌外的其他葡萄球菌）	—	—	—	—	—	≤2 ≤4	—	4～8 8～16	≥16 ≥32
庆大霉素	10 μg	≥15	—	13～14	≤12	≤4	—	8	≥16
阿奇霉素	15 μg	≥18	—	14～17	≤13	≤2	—	4	≥8
红霉素	15 μg	≥23	—	14～22	≤13	≤0.5	—	1～4	≥8
克拉霉素	15 μg	≥18	—	14～17	≤13	≤2	—	4	≥8
四环素	30 μg	≥19	—	15～18	≤14	≤4	—	8	≥16
多西环素	30 μg	≥16	—	13～15	≤12	≤4	—	8	≥16
米诺环素	30 μg	≥19	—	15～18	≤14	≤4	—	8	≥16
环丙沙星	5 μg	≥21	—	16～20	≤15	≤1	—	2	≥4
左氧氟沙星	5 μg	≥19	—	16～18	≤15	≤1	—	2	≥4

续表

抗菌药物	纸片含量	解释分类和抑菌圈直径折点（mm）				解释分类和MIC折点（μg/mL）			
		敏感（S）	SDD	中介（I）	耐药（R）	敏感（S）	SDD	中介（I）	耐药（R）
莫西沙星	5 μg	≥24	—	21~23	≤20	≤0.5	—	1	≥2
呋喃妥因	300 μg	≥17	—	15~16	≤14	≤32	—	64	≥128
克林霉素	2 μg	≥21	—	15~20	≤14	≤0.5	—	1~2	≥4
氯霉素	30 μg	≥18	—	13~17	≤12	≤8	—	16	≥32
利福平	5 μg	≥20	—	17~19	≤16	≤1	—	2	≥4
利奈唑胺	30 μg	≥21	—	—	≤20	≤4	—	—	≥8
甲氧苄啶/磺胺甲恶唑	1.25/23.75 μg	≥16	—	11~15	≤10	≤2/38	—	—	≥4/76

表 3-7-4 纸片扩散法（K-B法）药敏试验肠杆菌科细菌抑菌圈直径和MIC折点判定标准

抗菌药物	纸片含量	解释分类和抑菌圈直径折点（mm）				解释分类和MIC折点（μg/mL）			
		敏感（S）	SDD	中介（I）	耐药（R）	敏感（S）	SDD	中介（I）	耐药（R）
氨苄西林	10 μg	≥17	—	14~16	≤13	≤8	—	16	≥32
阿莫西林/克拉维酸	20/10 μg	≥18	—	14~17	≤13	≤8/4	—	16/8	≥32/16
氨苄西林/舒巴坦	10/10 μg	≥15	—	12~14	≤11	≤8/4	—	16/8^	≥32/16
头孢他啶-阿维巴坦	30/20 μg	≥21	—	—	≤20	≤8/4	—	—	≥16/4
哌拉西林-他唑巴坦	100/10 μg	≥21	—	18~20	≤17	≤16/4	—	8~16	≥128/4
头孢唑啉	30 μg	≥23	—	20~22	≤19	≤2	—	4	≥8
头孢唑啉（U）	30 μg	≥15	—	—	≤14	≤16	—	—	≥32
头孢呋辛（注射）	30 μg	≥18	—	15~17	≤14	≤8	—	16	≥32
头孢呋辛（口服）	30 μg	≥23	—	15~22	≤14	≤4	—	8~16	≥32
头孢噻肟	30 μg	≥26	—	23~25	≤22	≤1	—	2	≥4
头孢曲松	30 μg	≥23	—	20~22	≤19	≤1	—	2	≥4
头孢他啶	30 μg	≥21	—	18~20	≤17	≤4	—	8	≥16
头孢吡肟	30 μg	≥25	—	19~24	≤18	≤2	4~8	—	≥16
头孢替坦	30 μg	≥16	—	13~15	≤12	≤16	—	32	≥64
头孢西丁	30 μg	≥18	—	15~17	≤14	≤8	—	16	≥32

续表

抗菌药物	纸片含量	解释分类和抑菌圈直径折点（mm）				解释分类和MIC折点（μg/mL）			
		敏感（S）	SDD	中介（I）	耐药（R）	敏感（S）	SDD	中介（I）	耐药（R）
氨曲南	30 μg	≥21	—	18~20	≤17	≤4	—	8	≥16
亚胺培南	10 μg	≥23	—	20~22	≤19	≤1	—	2	≥4
美罗培南	10 μg	≥23	—	20~22	≤19	≤1	—	2	≥4
厄他培南	10 μg	≥22	—	19~21	≤18	≤0.5	—	1	≥2
庆大霉素	10 μg	≥15	—	13~14	≤12	≤4	—	8	≥16
妥布霉素	10 μg	≥15	—	13~14	≤12	≤4	—	8	≥16
丁安卡那	30 μg	≥17	—	15~16	≤14	≤16	—	32	≥64
四环素	30 μg	≥15	—	12~14	≤11	≤4	—	8	≥16
环丙沙星	5 μg	≥26	—	22~25	≤21	≤0.25	—	0.5	≥1
左氧氟沙星	5 μg	≥21	—	17~20	≤16	≤0.5	—	1	≥2
氯霉素	30 μg	≥18	—	13~17	≤12	≤8	—	16	≥32
磷霉素	200 μg	≥16	—	13~15	≤12	≤64	—	128	≥256
呋喃妥因	300 μg	≥17	—	15~16	≤14	≤32	—	64	≥128
甲氧苄啶/磺胺甲恶唑	1.25/23.75 μg	≥16	—	11~15	≤10	≤2/38	—	—	≥4/76

（3）耐药（R）

"耐药"是指分离菌株不被常规剂量用药通常可达到的药物浓度所抑制，抑菌环直径落在可存在某些特定的微生物耐药机制范围（如β-内酰胺酶），并且治疗研究显示药物对分离菌株的临床疗效不可靠。

2. 头孢菌素类抗生素简介

头孢菌素类抗生素是临床上常用的一大类抗菌药物，按此类药物的发现年代以及抗菌谱、抗菌活性，对酶的稳定性、肾毒性的不同，目前可将其分为五代。

1962~1970年发现生产的为第一代，如头孢噻吩（先锋霉素1号）、头孢噻啶（先锋霉素2号）、头孢氨苄（先锋霉素4号）、头孢胜啉（先锋霉素5号）、头孢拉啶（先锋霉素6号）。主要是针对革兰氏阳性菌（包括产青霉素酶的金黄色葡萄球菌），仅对少数的革兰氏阴性菌（如流感嗜血杆菌、大肠埃希菌）有一定活性，对β酰胺酶稳定性比较差，有一定肾毒性。

1970~1976年生产的为第二代，如头孢孟多、头孢替定、头孢呋辛、头孢克洛、头孢丙烯、头孢西丁等，对革兰氏阳性菌的作用与第一代相似，对革兰氏阴性菌作用有所加强，但是对铜绿假单胞菌无效，对β酰胺酶比第一代稳定些，肾毒性也减轻。

1976~1983年发现生产的为第三代孢头菌素，如头孢哌酮（先锋必）、头孢曲松钠（菌必治）、头孢他啶（复达欣）、头孢噻肟、头孢克肟、头孢曲松、头孢地尼等，第三代主要特点是对革兰氏阴性菌作用强，对革兰氏阳性球菌作用不如第一代和第二代，有的品种对铜绿假单胞菌有较强作用，对β酰胺酶稳定性大大加强，基本没有肾毒性，还有良好的渗透性。

第四代表药物有头孢吡肟、头孢匹罗；第五代有头孢洛林酯和头孢吡普（又称为头孢托罗）等。第四代和第五代头孢菌素没有肾毒性，对革兰氏阳性菌和阴性菌作用均十分明显。

（刘彩霞　曾爱兵）

实验八　活菌数测定

平板菌落计数是依据微生物在固体培养基上生长时一个活细胞能形成一个菌落的特点而设计的活菌数测定方法。计数时先将样品作一系列的稀释，再取一定量的稀释液接种到培养皿中，使其均匀分布于平皿中的培养基内，经过恒温培养后，由单个细胞生长繁殖形成菌落，统计菌落数即可换算出样品中的含菌数。由于待测样品往往不易完全分散成单个细胞，所以长成的单个菌落也可能是来自样品中的2~3个或更多个细胞。因此，平板菌落计数的结果往往偏低。为了清楚地阐述平板计数的结果，现在已经倾向于使用菌落形成单位（colony forming unit，CFU），而不以绝对菌落数来表示样品的活菌含量。

平板菌落计数法操作繁琐，结果需要培养一段时间才能取得，测定的结果也易受多种因素的影响，但是，该计数方法的最大优点是可以获得活菌的信息，所以被广泛用于生物制品检测（如活菌制剂），以及食品、饮料和水（包括水源水）等含菌数或污染程度的测定。

一、实验目的

1. 学习水样的采集和水样中菌落总数测定的方法。
2. 掌握细菌的倾注培养分离法。
3. 了解菌落总数作为水质指标的意义。
4. 掌握稀释测定菌落总数的计数方法及结果判断方法。

二、实验内容

1. 生活饮用水（自来水）菌落总数的测定。
2. 外界水源水菌落总数的测定，清洁度或污染情况的判定。

三、实验材料和用具

1. 用具

试管架、防爆酒精灯、记号笔、橡胶手套、接种环、接种针、75%消毒酒精棉球等。

2. 培养基

牛肉膏蛋白胨琼脂培养基（15 mL/支），12 支/组。

3. 无菌玻璃器皿

（1）无菌培养皿（直径 90 mm），12 块/组。

（2）无菌吸管（1 mL），6 支/组。

（3）无菌生理盐水（9 mL/支），6 支/组。

（4）无菌水样采样瓶，2 只/组。

4. 仪器

电热恒温培养箱。

四、实验方法

1. 水样采集

（1）自来水水样采集

1）从学校各生活区取样

先将自来水龙头用 75% 消毒酒精棉球擦拭，再开放水龙头，水流 3 min 后，用无菌空瓶接取水样，以待分析用。

2）除水样中余氯

收集含余氯的水样时，应按每 500 mL 水样加入 1.5% 硫代硫酸钠溶液 2 mL 至水样瓶的空瓶中，101.3 kPa 下 20 min 高压灭菌，以中和水样中的余氯，终止水样中余氯的杀菌作用。

（2）池水、湖水或河水水样采集

1）取样水深

应选择有代表性的地点及水质可疑的地方开展水样采集，一般应在距水面 10~15 cm 的水层取样。取样时先将无菌容器浸入水中，然后去盖，水盛满后，将瓶口盖好，再从水中取出。采得水样后应立即记录水样名称、取样地点、取样时间等项目。

2）送检时间

采样后最好立即检查，一般从采集到检验不应超过 2 h。如条件允许可放入冰箱中保存，但也不得超过 4 h。

2. 水中细菌总数的测定

（1）自来水中细菌总数的测定

1）震摇混匀

将水样用力震摇 20～25 次，使可能存在的细菌凝块得以分散。

2）加样

用无菌吸管分别吸取 1 mL 水样，注入 2 个无菌培养皿中。

3）倾注

每皿各倒入已融化并保温在 50℃左右的牛肉膏蛋白胨琼脂培养基 1 管（约 15 mL），轻轻旋转培养皿，使培养基与水样充分混匀。

另一平皿，只加培养基，不加水样，作为空白对照。

4）静置待凝

倾注后平皿静置水平桌面待培养基凝固（冬天约 15 min，其余季节耗时稍长。可轻轻触碰平皿观察是否凝固，注意培养基未凝固完全时，切不要翻转平皿以免造成实验失败。

5）结果观察

凝固后，将平板倒置于 37℃恒温箱内，培养 24 h 后进行菌落计数。2 个培养皿的平均菌落数即为 1 mL 水样的细菌总数。

（2）池水、湖水或河水中细菌总数的测定

1）稀释水样

取 1 mL 水样，注入含 9 mL 灭菌水的试管内，摇匀，再从此管吸 1 mL 加至下一个含 9 mL 灭菌水的试管中，如此连续稀释（稀释倍数看水样污浊程度而定，以培养皿的菌落在 30～300 之间的稀释度最为合适，若 3 个稀释度的菌数均多（或少）到无法计数，则需继续稀释或减少稀释倍数）。

2）加样

选择 2～3 个合适稀释度水样进行加样。比如 10^{-1}、10^{-2}、10^{-3} 稀释水样（菌数过多则需选稀释倍数更大的样本）各 1 mL，将其注入无菌培养皿中（皿底作好记号，注明各稀释度）。每个稀释度重复一次以上操作。以下操作同（1）自来水的检验步骤。

水样稀释和倾注培养法操作见图 3-8-1。

注意每一稀释度需用一支无菌吸管或塑料吸嘴，不可用同一吸管连续吸取，否则培养后的菌落数偏高，误差大。或可从高稀释度向低稀释度连续吸取 1 mL 水样，由于高稀释度菌数较少，偏差不大。

3）稀释液对照

另取无菌盐水 1 mL，注入无菌培养皿中，加培养基作盐水对照。

4）倾注待凝培养基

每皿各倒入 1 管（约 15 mL）已融化并保温在 50℃左右的牛肉膏蛋白胨琼脂

实验八 活菌数测定

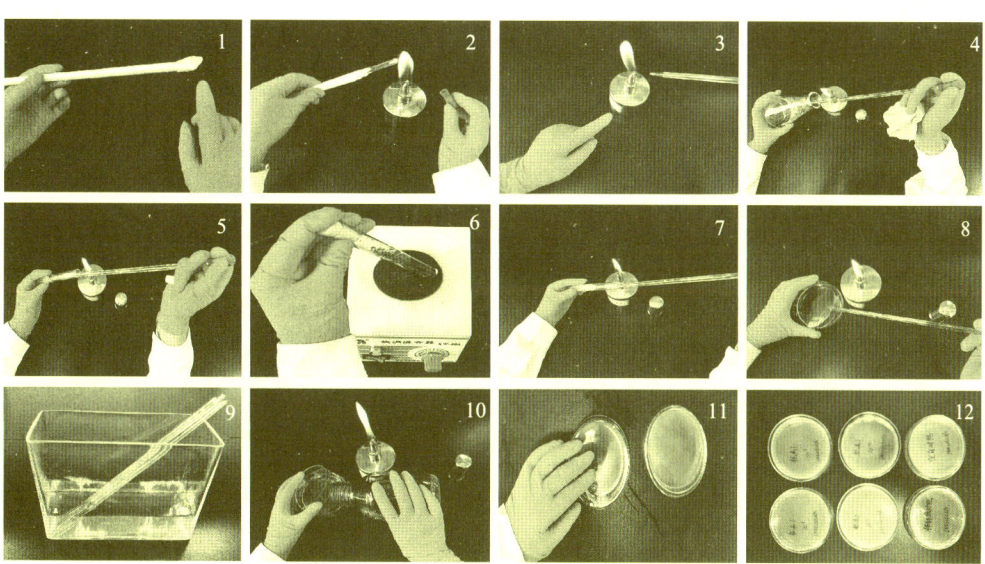

图 3-8-1 倾注培养法水样的接种步骤

1. 注意灭菌移液管包装纸首尾不同；2. 揭开尾部包装纸，其中加塞的灭菌棉花起阻挡外来细菌作用不要拿掉，轻轻过火焰烧灼待冷套上橡皮头；3. 无菌移液管去除外包装后，注意灭菌移液管不能碰触到其他物品；4. 在火焰旁取出标本液，注意瓶口必须先过火焰；5. 在火焰旁将标本注入稀释液中进行稀释；6. 可用漩涡混合器助于混匀；7. 注意每个稀释度必须更换移液管，但不要用移液管时用力吹打液体避免形成气溶胶；8. 从最小稀释度开始，灼烧试管口将标本不同稀释度标本加入无菌培养皿中；9. 用过的移液管需放至废弃物缸中浸泡消毒或灭菌后洗涤；10. 待培养基冷至 45～50℃，将其倾满整个培养皿底部，厚度 3～4 mm，用量 25～30 mL/皿，注意每次倾注培养基瓶口过火焰且培养皿开口不要太大；11. 倾注好的培养皿放在桌子上顺时针方向轻轻混匀，注意培养基不要溢出或沾到盖子上；12. 待培养基彻底凝固后，翻转培养皿 37℃恒温培养箱培养

培养基，轻轻旋转培养皿，使培养基与水样充分混匀。

5）培养结果观察

凝固后，将平板倒置于 37℃恒温箱内，培养 24 h 后进行菌落计数。

本实验的操作过程如图 3-8-2。

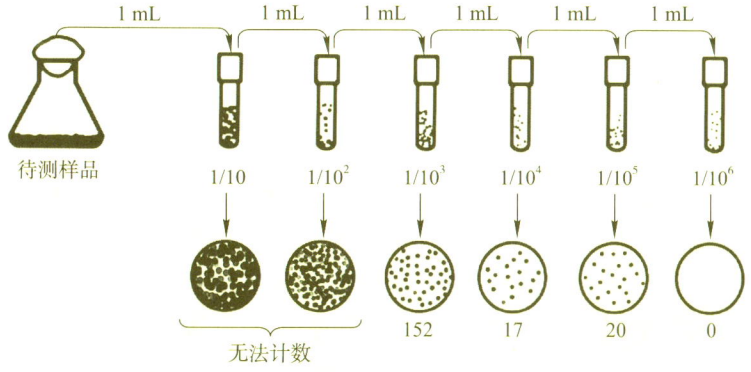

图 3-8-2 样品的稀释程序和接种

3. 菌落计数方法

（1）先计算同一稀释度的平均菌落数。若培养基中1个平板有较大片状菌苔生长时，则不应采用，而应以无片状菌苔生长的平板作为该稀释度的平均菌落数。若片状菌苔的大小不到培养皿的一半，而其余的一半菌落分布又很均匀时，则可将此一半的菌落数乘以2代表全平板的菌落，然后再计算该稀释度的平均菌落数。

（2）首选平均菌落在30~300之间。当只有一个稀释度的平均菌落符合此范围时，则以该平均菌落数乘其稀释倍数即为该水样的细菌总数。

（3）两个稀释度的平均菌落数在30~300之间，则按两者菌落总数之比值来决定。若其比值小于2应取两者的平均数；若大于2则取其中较小的菌落总数。

（4）若所有稀释度的平均菌落均大于300，应按稀释度最高平均菌落数乘以稀释倍数。

（5）若所有稀释度的平均菌落均小于30，按稀释度最低的平均菌落数乘以稀释倍数。

（6）若所有稀释度的平均菌落均不在30~300之间，以最接近300或30的平均菌落数乘以稀释倍数。

菌落总数计算方法举例见表3-8-1。

表3-8-1　菌落总数计算方法

例次	不同稀释度的菌落数			两个稀释度的菌落数之比	菌落总数 CFU/mL
	10^{-1}	10^{-2}	10^{-3}		
1	1 550	168	22	—	16 000 或 1.6×10^4
2	2 860	282	52	1.8	40 000 或 4.0×10^4
3	2 890	280	76	2.7	28 000 或 2.8×10^4
4	无法计数	4 820	458	—	450 000 或 4.5×10^5
5	28	10	2	—	280 或 2.8×10^2
6	2 800	308	20	—	31 000 或 3.1×10^4

注：两位数以后的数字采取四舍五入的方法。

4. 可以针对培养皿上的不同菌落，进行涂片染色观察其形态（操作参照前述）。

五、实验结果

平板上长出的细菌大小不一，见图3-8-3。注意观察计数边缘和培养基内部的细菌。根据实验结果报告所检测水样的细菌总数，填入表3-8-2和表3-8-3。

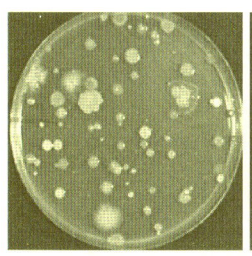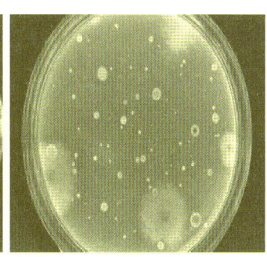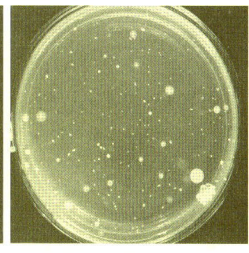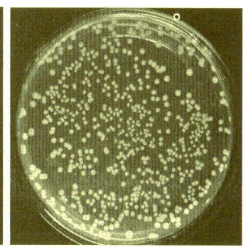

图 3-8-3　活菌数计数平板上长出大小不一的菌落

表 3-8-2　自来水水样的细菌总数

平板	菌落数	自来水中细菌总数/（CFU/mL）
1		
2		

表 3-8-3　塘水、河水或湖水水样的细菌总数

稀释度	10^{-1}		10^{-2}		10^{-3}	
平板	1	2	1	2	1	2
菌落数						
平均菌落数						
计算方法（比值）						
细菌总数（CFU/mL）						

思　考　题

1. 以自来水水样细菌总数检测的结果判断所用水样是否符合饮用水的卫生学标准。

2. 所测的池塘水、河水或湖水的污染程度如何？通过实验对保护水源水有何认识？

3. 试与其他同学的实验结果比较，从中判断你的实验结果误差如何？原因是什么？

附：其他菌落计数法

1. 平板涂布菌落计数法

（1）倒平板

将牛肉膏蛋白胨琼脂培养基融化后冷却至 50 ℃左右倒入无菌平板，凝固后，倒置于 37 ℃恒温箱中放置 24 h，使其干燥备用。

（2）编号

方法同倾注法。

（3）稀释

方法同倾注法。

（4）取样与涂布

用无菌吸管吸取0.1 mL标本稀释液，对号接种于不同稀释度编号的平板上，再用无菌玻璃刮棒，将菌液在平板上涂布均匀，平放于实验台上20～30 min，使菌液渗透于培养基内，37 ℃倒置培养18～24 h。

（5）玻璃涂布棒的灭菌方法

将玻棒浸入95%酒精中蘸取后，取出在火焰上点燃棒上残留的酒精并立即离开火焰，玻璃棒上的酒精燃尽即达到灭菌目的，冷却后即可使用。使用后再蘸取酒精灭菌玻棒，勿使酒精沿玻棒倒流，以防灼伤双手。玻棒批量使用也可提前采用高压蒸汽灭菌备用。见图3-8-4平皿涂抹操作。

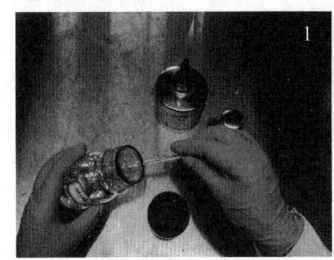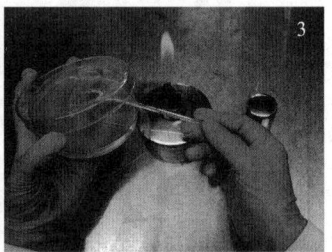

图3-8-4　玻棒烧灼灭菌与平皿表面涂抹操作

1. 将玻棒浸入95%乙醇中；2. 取出在火焰上点燃后立即离开火焰；3. 待玻璃棒冷后，将平板内0.1 mL样本均匀涂抹整个平板

（6）计数

方法同倾注法。

2. 有关菌落总数和水质菌落总数

菌落总数是指被检样品的单位重量（g）、容积（mL）、表面积（cm^2）或体积（m^3）内，所含有的能在某种培养基上经一定条件培养后生成的细菌菌落总数，这是判定检样被细菌污染程度的指示菌，在饮用水、水源水、食品、药品、化妆品、物体表面、室内空气等，以及一些进出口贸易品检查中都将菌落总数的限量规定作为卫生标准之一。菌落总数计数实验中所用培养基、培养温度、培养时间都会影响菌落计数的结果。因此，必须严格遵照国家规定的检验方法中的操作条件，以获得始终可信的结果。标准检验方法多用倾注培养法，依据情况和需要可选用平板表面涂布法及平板表面点滴法。在37 ℃有氧条件下培养，所获得的结果包括需氧或兼性厌氧的、嗜中温的、能在普通营养琼脂上生长的一群细菌的菌落数，而不包括厌氧菌、微需氧菌、嗜冷菌（或嗜热菌）以及有特殊营养要

求的细菌,它必然低于实际存在的活菌数。菌落总数的报告所含信息为:单位重量(g)、容积(mL)、表面积(cm^2)或体积(m^3)内菌落形成单位数(colony forming unit,CFU)。国内外菌落总数测定方法基本一致,从检样处理、稀释、倾注平板到计数报告无明显不同。近年来,已开始用全自动微生物分析仪检测菌落总数。

水质菌落总数是指 1 mL 水样在普通营养琼脂培养基中,经 37 ℃ 24 h 培养后,所生长的细菌菌落的总数。菌落总数主要作为判定水质污染程度的标志之一(表 3-8-4)。

表 3-8-4 一般水源水中菌落总数与水清洁程度的关系

水的类别	菌落总数(CFU/mL)	水的类别	菌落总数(CFU/mL)
最清洁水	10~100	不清洁水	10 000~100 000
清洁水	100~1 000	极不清洁水	>100 000
不太清洁水	1 000~10 000		

(周 燕 曾爱兵)

实验九 细菌生长曲线的测定

任何微生物的群体生长均服从一定的生长规律,可以用生长曲线(growth curve)来加以说明。生长曲线是指把一定数量的微生物菌种接种到一定体积液体培养基中培养后,以微生物数目的对数值(或 OD 值)为纵坐标,以培养时间为横坐标获得的曲线,用以表示微生物在新的环境中生长繁殖至死亡的全过程的动态变化。生长速率是指单位时间内细胞数量或细胞质量的变化。依据生长速率的不同,可以把生长曲线分为延迟期、对数生长期、稳定期和衰亡期。延迟期是以适应环境营养变化为基础的,代谢表现活跃但分裂缓慢;对数生长期个体代谢旺盛而且分裂迅速;稳定期的活菌数保持稳定、菌体内的代谢物和贮藏物累积达到高峰;衰亡期的活菌数按几何级数急剧减少,呈现对数死亡现象。因此,测定微生物的生长曲线,在科学研究和工农业生产中均具有重要意义。

大肠埃希菌是微生物科研和教学当中最常使用的菌种,其营养要求不高并具有生长周期短的特点。在一定培养时间内菌液的细胞数目跟 OD 值呈线性关系。因此,将不同时间点测得的菌液 OD 值与相应的培养时间作图,可绘出该菌的生长曲线。

一、实验目的

1. 掌握细菌生长曲线的特点和测定原理。

2. 掌握细菌生长曲线的测定和绘制方法。

二、实验内容

用比浊法测定大肠埃希菌生长曲线。

三、实验材料和用具

1. 菌种

大肠埃希菌 16 h LB 肉汤培养基培养物。

2. 用具

试管架、防爆酒精灯、打火机、记号笔、接种环、加样枪、无菌吸嘴。

3. 培养基

LB 肉汤培养基（5 mL/支），16 支。

4. 仪器

分光光度计（722 型）、全温振荡培养箱。

四、实验方法

1. 种子菌增菌

将大肠埃希菌接种到 5 mL LB 肉汤培养基中，37℃振荡培养过夜（约 16 h），这时菌液菌量大致可达 $10^9 \sim 10^{10}$ CFU/mL。

2. 接种与培养

将过夜培养的种子菌菌液以 1% 的接种量分别转接到 15 支含 5 mL 新鲜 LB 肉汤培养基的试管中。置全温振荡培养箱中 37℃，转速 100～150 r/min，振荡培养。

3. 按时比浊

分别在第 0、1、2、2.5、3、3.5、4、4.5、5、6、7、8、10、12、14 h，取 1 支试管，在分光光度计上测定其 OD_{600}，记录测定的吸光值。在分管光度计的测定中，每次均要用未接种的培养液来校正调零。若菌液太浓，则须适当稀释再进行测量。

五、实验结果

以吸光度（A）为纵坐标，培养时间为横坐标，在正方格纸上绘制出细菌生长曲线。图 3-9-1 大肠埃希菌在肉汤培养液中的生长曲线示例，该曲线清楚显示其迟缓期、对数生长期、稳定期以及衰亡期的情况。如图所示，前 6 h 细菌缓慢适应，8～20 h 生长速度最快，稳定期菌数最高大概在 28～36 h，然后慢慢衰亡。

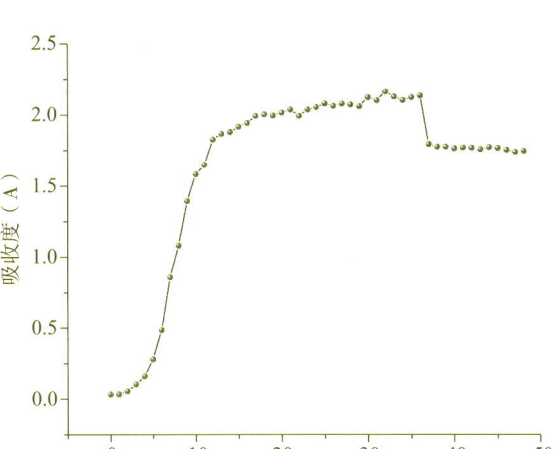

图 3-9-1 大肠埃希菌生长曲线

思 考 题

1. 请问测定细菌生长曲线的方法除了比浊法，还有什么方法？
2. 测定微生物生长曲线有哪些意义？

(曾爱兵)

实验十 肠道致病菌（沙门菌属）的分离、鉴定

肠杆菌科种属繁多，分布广泛。其中大多是人类肠道正常菌群的主要成员，部分条件致病菌和少数致病菌能引起人和动物的多种传染病，尤其是消化道疾病，具有极为重要的公共卫生学意义。肠杆菌科细菌具有革兰氏染色阴性、杆状、葡萄糖发酵、氧化酶阴性、硝酸盐还原（某些细菌例外）等共性，但它们在培养、生化反应、抗原构造及其毒力等方面却各具特性，可利用这些特征作为鉴别肠杆菌科各属种的主要依据。

为了提高分离检出率，对采集的标本一般要进行预增菌和选择性增菌。肠道致病菌一般增菌 6~8 h，若时间过长，受抑制的大肠菌群大量繁殖反而影响致病菌的选择性增菌。沙门菌选择性增菌液一般选择亚硒酸盐（selenite F，SF），或亚硒酸盐胱氨酸增菌液（SC），志贺菌一般选择 GN 增菌液。

一、实验目的

1. 掌握致病菌的选择性增菌、分离、鉴定方法。
2. 进一步掌握常规生化鉴定试验、血清学凝集反应在细菌鉴定分群中的作用。

3. 掌握常见肠道致病菌的鉴定程序。

4. 掌握肠道选择性培养基的组成及 SS 培养基配制。

二、实验内容

1. SS 培养基配制。

2. 选择性增菌。

3. 分离培养。

4. 纯培养和生化反应。

5. 沙门菌血清学试验。

三、实验材料和用具

1. 菌种

（1）大肠埃希菌

（2）伤寒沙门菌（*Salmonella typhi*）

（3）甲型副伤寒沙门菌（*Salmonella paratyphi-A*）

（4）乙型副伤寒沙门菌（*Salmonella paratyphi-B*）

2. 用具

试管架、防爆酒精灯、接种环、接种针、载玻片、记号笔、洗瓶、生理盐水、香柏油、无水乙醇、吸水纸、擦镜纸、打火机。

3. 培养基

亚硒酸盐胱氨酸增菌液（SC），麦康凯琼脂平板，SS 琼脂平板，营养琼脂斜面，克氏双糖铁琼脂（KIA），蛋白胨水，糖发酵培养基，尿素琼脂，柠檬酸盐琼脂，硝酸盐钾蛋白胨水、半固体琼脂、赖氨酸脱羧酶及对照管、氰化钾生长试验管及对照管。

4. 试剂

（1）甲基红试剂，1 瓶/组。

（2）V-P 试剂

Ⅰ液：5% α-萘酚无水乙醇液，1 瓶/组。

Ⅱ液：40% KOH 溶液，1 瓶/组。

（3）Ehrlich 或 Kovac 靛基质试剂（对二甲氨基苯甲醛），1 瓶/组。

（4）硝酸盐还原试剂

Ⅰ液：对氨基苯磺酸，1 瓶/组。

Ⅱ液：α-萘胺，1 瓶/组。

（5）无菌液体石蜡，1 瓶/组。

5. 染色液

革兰氏染色液。

6. 沙门菌抗血清

A~F 群多价 O 血清及单因子血清。

7. 仪器

电热恒温培养箱、普通光学显微镜。

四、实验方法

1. SS 培养基配制

SS 培养基是作为粪便标本分离培养沙门菌与痢疾杆菌用的强选择性培养基之一，其成分较多，大体可分为营养物质、抑制物质、促进目的菌生长的物质，以及鉴别用指示剂。

（1）培养基组成

1）营养物：牛肉膏、蛋白胨。

2）抑制剂：煌绿、胆盐、硫代硫酸钠、柠檬酸钠等能抑制非病原菌的生长。

3）促进目的菌生长的物质：胆盐既是大肠埃希菌抑制剂又能促进病原菌，特别是沙门菌的生长。

4）鉴别用糖：乳糖。

5）指示剂：中性红。

（2）配制方法

目前已有商品化的 SS 琼脂干粉出售，使用方便，效果亦好，可按瓶签说明配制使用。SS 培养基无须高压灭菌但需要彻底煮沸，加热注意搅拌不要糊底，煮沸后待冷至 55℃ 左右倾注平板，凝固后放冰箱内保存备用。如马上使用，需将平板置超净工作台风干 30 min 后再用，避免培养基表面冷凝水影响细菌的分离。

2. 分离培养与形态观察

（1）直接选择性分离培养

将模拟标本（大肠埃希菌和沙门菌的混合菌液）分区划线法接种于强选择性培养基 SS 琼脂平板和弱选择培养基麦康凯琼脂平板上，置 37℃ 温箱内培养 18~24 h，观察培养基上两种菌落的特征。见图 3-10-1。

（2）选择性增菌培养

无菌吸管吸取混合菌液或经处理的病料上清液，按 1∶10 的比例加入亚硒酸盐胱氨酸增菌液（SC）中，置 37℃ 培养 6~8 h。按步骤（1）进行选择性分离培养。

（3）菌落形态观察

分别挑取上述平板中单菌落，涂片，进行革兰氏染色，镜检，观察并比较两种细菌的形态、大小与排列方式。大肠埃希菌在麦康凯琼脂平板和 SS 琼脂平板上都是形成红色的菌落；沙门菌大多数菌株因不发酵乳糖在麦康凯琼脂平板上形成圆形、光滑、湿润、凸起、无色、半透明的菌落；在 SS 琼脂平板上则可形成

  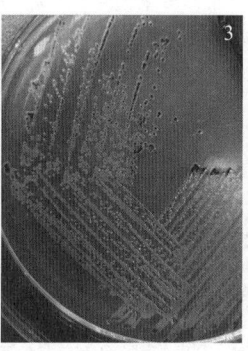 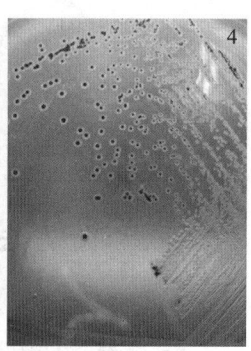

图 3-10-1　沙门菌在麦康凯琼脂平板和 SS 琼脂平板上的菌落特点

1、2. 在麦康凯琼脂平板上沙门菌形成湿润、半透明的菌落，大肠埃希菌呈红色菌落；
3、4. 在 SS 琼脂平板上沙门菌形成半透明或有黑色中心的较小菌落，大肠埃希菌绝大多数受抑制。

直径 1~3 mm 有黑色中心或无色半透明的菌落。

（4）革兰氏染色

从形态和染色特征上，大肠埃希菌和沙门菌均为革兰氏阴性无芽孢杆菌，两端钝圆，散在排列，因此无法从形态和染色特征上区分两者。

3. 纯培养和初步生化反应

挑选 3~5 个可疑菌落，在无菌操作条件下分别接种到营养琼脂斜面、克氏双糖铁琼脂和其他初步生化反应管，置 37℃培养 18~24 h。

（1）普通琼脂斜面接种

挑取单个菌落接种到普通琼脂斜面进行纯培养。

（2）克氏双糖铁琼脂接种

挑取同一单个菌落接种到克氏双糖铁琼脂斜面、高层并在斜面迂回划线进行培养。

结果表示方式：A 表示产酸（黄色），K 表示产碱（红色），G 表示产气，"+"表示阳性，"-"表示阴性，（　）表示偶尔可见的反应。具体结果判断方法可参照本书细菌生理、生化实验部分。

（3）糖发酵试验

两种细菌的纯培养物分别穿刺接种葡萄糖、乳糖、麦芽糖、甘露醇、蔗糖、卫矛醇、半固体培养基各一管，置 37℃培养 2~3 d，观察结果。

结果观察：培养基变黄色者，表明该菌发酵此糖产酸，以"+"表示；凡变黄并含气泡者，为发酵此糖产酸产气，以"⊕"表示；凡培养基不变色者，表示该菌不发酵此糖，以"-"表示。

（4）IMViC 试验

IMViC 试验结果判断方法可参照细菌生理生化实验部分。

大肠埃希菌和沙门菌的生化反应结果见表 3-10-1。

实验十 肠道致病菌（沙门菌属）的分离、鉴定

表 3-10-1 大肠埃希菌和沙门菌的生化反应

菌种	克氏双糖铁	糖发酵						吲哚	MR	VP	脲酶	柠檬酸盐	硫化氢	硝酸盐还原	运动性
		葡萄糖	乳糖	麦芽糖	甘露醇	蔗糖	卫矛醇								
大肠埃希菌	A/AG	+	+/-	+	+	V	+/-	+	+	-	-	-	-	+	+/-
沙门菌	K/A（AG）	+	-	+	+	-	+	-	+	-	-	+	+/-	+	+

注："+"：90%～100%阳性；"-"：0～10%阳性；"+/-"：大多数菌株阳性/少数阴性；"-/+"：大多数阴性/少数阳性；V：种间有不同反应

（5）硝酸盐还原试验

纯培养物分别接种硝酸钾蛋白胨水溶液，置37℃培养1～2 d。

结果观察：通过培养基是否变混浊判断细菌的生长情况，每管沿管壁加硝酸盐还原试剂甲液（对氨基苯磺酸）1滴，混合后加入乙液（α-萘胺）1滴。培养基呈红色者为阳性，不变色者为阴性。阳性细菌能还原硝酸盐为亚硝酸盐，在酸性溶液中，亚硝酸盐能与氨基苯磺酸结合成重氮盐，在酸性溶液中，亚硝酸盐能与氨基苯磺酸结合成重氮盐，再与α-萘酚反应形成红色偶氮化合物（1-萘胺-4-偶氮对苯磺酸）。

4. 进一步鉴别生化反应

沙门菌进一步生化反应结果见表3-10-2。

表 3-10-2 沙门菌进一步生化反应

菌种	动力	乳糖	硫化氢	葡萄糖	氰化钾生长	尿素	吲哚	赖氨酸脱羧酶
伤寒沙门菌	+	-	+/-	A	-	-	-	+
甲型副伤寒沙门菌	+	-	-/+	AG	-	-	-	-
乙型副伤寒沙门菌	+	-	+	AG	-	-	-	+

注：A：产酸，AG：产酸产气；"+"：90%以上菌株阳性，"-"：90%以上菌株阴性，"+/-"：多数阳性少数阴性，"-/+"：少数阳性多数阴性

5. 沙门菌血清学试验（以玻片凝集法为例）

血清学分型是沙门菌的重要表型分型方法之一，主要根据其菌体表面的抗原成分进行分型。这些抗原成分结构复杂，包括菌体抗原（O抗原）、鞭毛抗原（H抗原）、表面包膜抗原[或荚膜抗原（Vi抗原）]及其菌毛抗原四种。其中，O抗原与H抗原是进行血清型分型的最常用的两项指标，Vi抗原次之。根据沙门菌有共同的O抗原这一特点，可将有共同抗原的沙门菌归为一组，这就使沙门菌分成若干个群（或组）。H抗原是鞭毛蛋白，可作为定型的依据。大部分沙门菌会表达两种H抗原，分别称为第一相、第二相。第一相为特异性抗原，用a、b、 c……表示；第二相为共同抗原，用1、2、3……表示，这种沙门菌被称为双相菌。少数沙门菌仅含有单一相H抗原，称为单相菌。

沙门菌在进行玻片凝集试验前需要进行菌体的纯化、鉴定，然后再对O抗原、H抗原分别进行检测。沙门菌的血清型表示方法是通过抗原式表示。抗原式由三相组成，依次是O抗原相、特异性H抗原相、非特异性H抗原相。沙门菌属血清型众多，到目前为止已经发现了2600多种血清型。

（1）分群

1）A–F群多价血清

首先用A–F群多价O血清与试验菌做玻片凝集试验，确定其是否在A–F群，因为95%以上的沙门菌都属A–F群。取一滴A–F群多价O诊断血清于玻片上，再取少许沙门菌纯培养物与之混合，同时以生理盐水代替多价血清作对照，在数分钟内出现肉眼可见的颗粒状凝集物即为阳性菌，可确定为A–F群沙门菌，见图3-10-2。

图3-10-2　玻片凝集反应

肉眼可见颗粒状凝集物为阳性，阴性对照为均匀的菌悬液

2）O因子血清

检测O抗原型时先用A–F群血清鉴定，然后再用代表六个O群的单因子血清检查。继续将纯培养物与沙门菌单价因子血清做凝集试验，确定被检沙门菌的O抗原组成。比如O_2凝集为A群、O_4凝集为B群、O_7凝集为C_1亚群、O_8凝集为C_2亚群、O_9凝集为D_1亚群、$O_{3,10}$凝集为E_1亚群、O_{11}凝集为F群。

（2）定型

检测H抗原型时同样先用H群血清鉴定，然后再用其包含的单因子血清鉴定。

鞭毛抗原鉴定时，先用第1相因子血清检查第一相H抗原，若发生凝集，再确定第2相H抗原，以确定被检沙门菌的型。

（3）Vi抗原存在

Vi抗原存在于菌体的最表层，可以阻止O抗原与相应的抗体发生凝集，故在血清学检查应加以注意。加热破坏Vi抗原后，O抗原可与O抗血清凝集。新分离的伤寒沙门菌和丙型副伤寒沙门菌常具有此抗原。

若生化反应典型，而与A–F多价O诊断血清不凝集者，应考虑有Vi抗原存在。

6. 注意事项

（1）注意所有步骤的无菌操作。

实验十 肠道致病菌（沙门菌属）的分离、鉴定

（2）注意大肠埃希菌和沙门菌在培养特性和生化特性方面的差异。

（3）挑取同一个菌落或同一菌落纯培养物进行系列生化反应管的接种。

（4）注意安全防护，有条件在BSL-2级实验室进行。

五、实验结果

实验报告以"检出××沙门菌"或"未检出××沙门菌"为结论。

思 考 题

1. 试述肠杆菌科鉴定的程序。
2. 试述大肠埃希菌和沙门菌在鉴别培养基上生长的区别，以及两者生化特性的差异。
3. 如何利用血清学试验进行沙门菌的鉴定？

（徐春泉　曾爱兵）

附：细菌的质谱鉴定介绍

质谱分析（mass spectrometry，MS）是一种测量离子荷质比（电荷–质量比）的分析方法，其基本原理是使样品中各组分在离子化器中发生电离，生成不同荷质比的带正电荷的离子，经加速电场的作用形成离子束进入质量分析器。在质量分析器中，再利用电场和磁场使发生相反的速度色散，将它们分别聚焦到侦测器而得到质谱图。

质谱仪一般可以分成三个部分：离子化器、质量分析器与侦测器。早期质谱仪在细菌的研究中主要是观察细菌中的脂质、磷酸化脂质、脂肪酸等较小分子之间的差异。直到20世纪80年代，电喷雾电离法（electrospray ionization，ESI）与基质辅助激光解吸电离（matrix-assisted laser desorption ionization，MALDI）等软性电离法相继出现，使质谱分析法在诸如蛋白质等生物大分子的检测研究中得到快速发展并逐渐成熟，也被应用在细菌的鉴定上。

基质辅助激光解吸电离飞行时间质谱（matrix-assisted laser desorption/ionization time of flight mass spectrometry，MALDI-TOF MS），是采用基质辅助激光解吸电离飞行时间质谱技术，检测待测微生物的蛋白质分子指纹谱图，通过与仪器配套的软件联合，对这些指纹谱图进行处理并与微生物数据库数据进行分析比对，在种水平上快速准确地鉴定未知微生物。在临床应用中，微生物鉴定的准确性除了与质谱仪的质量有关，还与其配套提供的微生物数据库的大小和质量密不可分。

下面以布鲁克的MALDI Biotyper全自动快速微生物质谱检测仪为例，简单

介绍细菌的质谱鉴定过程。

1. 实验目的

（1）了解质谱仪的结构。

（2）熟悉质谱进行菌种鉴定的原理。

（3）熟悉样品的制备和菌种鉴定流程。

2. 实验内容

（1）布鲁克 MALDI Biotyper 全自动快速微生物质谱检测仪介绍。

（2）示教介绍样品制作和上机基本步骤。

（3）查看鉴定结果。

3. 实验材料和用具

（1）菌种

金黄色葡萄球菌 ATCC29213，大肠埃希菌 ATCC25922。

（2）用具

基质液、竹签、靶板、移液枪（0.5~10 μL）、无菌吸头、医用垃圾桶等。

（3）仪器

布鲁克 MALDI Biotyper 全自动快速微生物质谱检测仪（图 3-10-3）。

4. 实验方法

（1）样品制备

1）取样

取经 18~24 h 过夜培养新鲜培养物，用竹签取样本单菌落均匀涂抹在 MALDI 靶板的样本孔位中（菌膜要求薄而均匀），在记录表中记录样本位置和编号。取样时，避免碰到培养皿成分。

2）晾干

待样本自然晾干，在干燥后样本上加约 1 μL 基质溶液（如果样品为难破壁的菌，需先加 1 μL 70% 甲酸，晾干后再加基质溶液），自然晾干。

（2）上机鉴定

1）打开靶板仓

按质谱仪控制面板上绿色 IN/OUT 键，待 ACCESS 绿灯亮后打开靶板舱盖子。

2）送入检测仓

将靶板放入靶板舱，确保平整放入，轻轻盖上盖子，按绿色 IN/OUT 键将靶板送入检测仓。

3）检测

a. 启动软件

双击桌面的 IVD MALDI Biotyper 图标，启动分

图 3-10-3　布鲁克 MALDI Biotyper 全自动快速微生物质谱检测仪

析软件后，打开 IVD MALDI Biotyper 实时分类窗口。

b. 新建项目

从"文件"菜单中选择"新的分类"（或直接点击工具栏图标），单击 new，在定义项目页面单击"新建"建立项目。在新项目对话框中输入名称、创建者和样品描述（后两者选填），点击"确定"，点击 next 进入放置分析物窗口。

c. 分析测试

用鼠标选择样本所在靶位，右键，选择 analysis 至下部窗口，手工输入样本 ID，然后点击 finish 开始测试。

（3）查看鉴定结果

待测试完成后点击工具栏 图标，查看报告（图 3-10-4）。

1）分值≥2.0（绿色）

如果分值≥2.0（绿色）则此结果将被解读为可靠的种鉴定。如果测试的样本在分类结果报告中显示出不止一个分值大于或等于 2.0 的不同种，则此结果将是模糊的结果。测定结果中给出的一致性分类（A、B 或 C）可能有助于解读结果。一致性分类为 A 的结果可视为高可能性种鉴定。对于分类 B 和 C，鉴定结果仅可视为可能。然而，无论一致性分类如何，都必须通过具有临床微生物学经验的专业人员对所有结果进行彻底审查。

2）分值小于 2.0（非绿色）

如果分值小于 2.0（非绿色）则必须使用甲酸萃取法对此特定的样本进行重新分析。如果使用甲酸萃取法对此特定的样本进行重新分析后，分值仍然小于 2.0（非绿色），则必须使用替代方法。

（4）质谱仪的手动鉴定操作步骤

当自动鉴定结果不好或需要手工操作时使用该程序。

1）启动

在桌面上双击 FlexControl 图标，打开 FlexControl 软件。

2）调整激光谱图

选中样品的靶位，点击 Start 按键，根据谱图的质量（谱峰的最高峰信号强度应大于 1 000 小于 8 000），调整激光的轰击位点或强度，采集到合格谱图后，点击 Add 累加谱图，直到总谱图中最高峰的信号强度达到 10 000 以上。

注：每次采集新样品的谱图之前，先点击 Clear Sum，清除上个样品的谱图。

3）保存谱图

点击 Save as 将谱图数据以指定的样品名保存到指定位置的文件夹中。

4）打开软件

在桌面双击打开 MALDI Biotyper 3（或 MALDI Biotyper OC）软件。

5）加载数据库

在界面右下方点击绿色箭头 Load MSP Library 图标，选择 IVD 数据库。

6）加载谱图

点击工具栏最左侧绿色图标 Add Spectra 按钮，选择所需加载谱图的文件夹选中后点击 Open，将谱图加载至界面左侧的样品谱图列表中。

7）搜库鉴定

按住 Ctrl 或 Shift 键，用鼠标左键选中所需鉴定谱图，点击上方工具栏最右侧的绿色右箭头 Start Identification 按钮，开始搜库鉴定。鉴定完成后，每个结果会显示在屏幕右下方的 Spectrum Scores 中。

8）建立报告

在界面左侧的数据列表中，选中需要查看报告的样品，在鼠标右键菜单中点击 Create Report，查看报告并另存报告至"D：Reports"文件夹中。

5. 实验注意事项

（1）确保基质液管盖拧紧，以免有机溶剂挥发，影响基质稳定性。如管内出现沉淀，需进行振荡混匀，室温放置的有效期为1周。

（2）试验操作中应避免微生物污染试剂。

（3）样本制备时一定要避免错误定位样本，否则将导致不正确的鉴定结果。

（4）样本晾干后，必须在 30 min 内添加基质液，应该避免由于基质液滴溢出到另一样本中而导致不同样本混合。这种溢出会引起交叉污染，继而导致不正确的鉴定结果。

（5）加了基质液的样本在室温下晾干（勿在高温下进行干燥）。

6. 实验结果示例

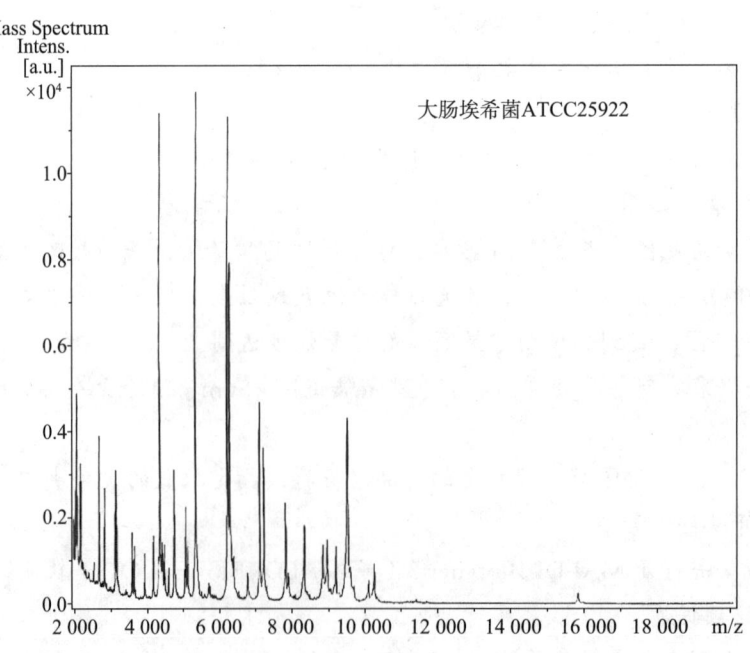

a

实验十 肠道致病菌（沙门菌属）的分离、鉴定

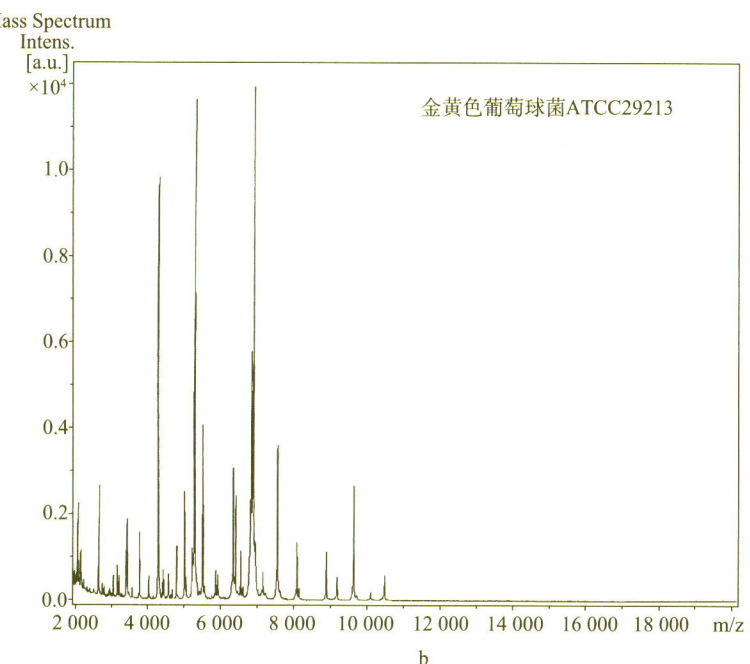

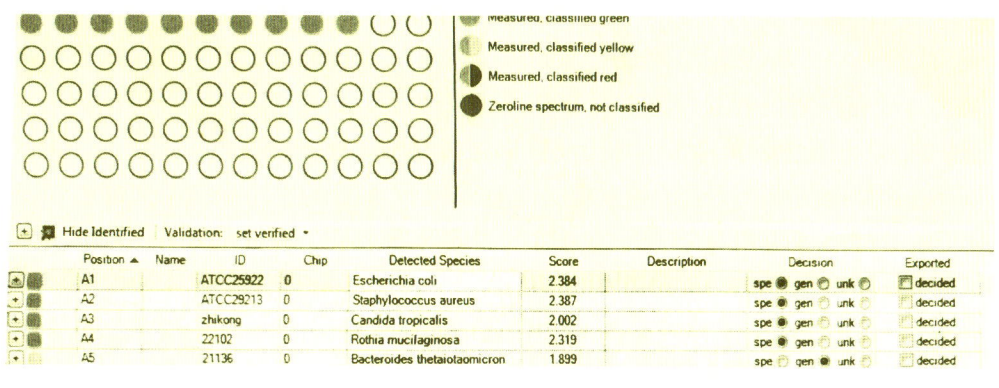

图 3-10-4 布鲁克 MALDI Biotyper 全自动快速微生物质谱检测仪检测结果

a. 大肠埃希菌 ATCC25922 质谱图；b. 金黄色葡萄球菌 ATCC29213 质谱图；c. 质控菌株的质谱分值

1. 试述用质谱仪进行微生物鉴定的原理。

2. 用质谱仪进行微生物鉴定过程中，容易导致鉴定错误或无法鉴定的因素有哪些？

（刘彩霞）

实验十一 质粒 DNA 的提取和琼脂糖凝胶电泳检测

质粒（plasmid）是独立于染色体外、能自主复制且稳定遗传的遗传因子。本质上质粒是一种环状双链 DNA 分子，小的不到 1 kb，大的超过 500 kb，存在于细菌、放线菌、真菌以及一些动植物细胞中，以细菌细胞中最多。在分子克隆或通过基因工程改良物种等工作中，质粒常作为载体，其上含有抗性筛选标记和多克隆酶切位点，可以携带外源基因进入宿主细胞进行扩增或表达。

质粒 DNA 提取的方法有很多，主要有碱裂解法、煮沸裂解法、小量一步提取法等，其中碱裂解法最为常用。在 pH 12.0 ~ 12.5 的碱性环境中（Solution Ⅱ），细菌细胞壁破裂，蛋白质变性，线性大分子量染色体 DNA 变性分开，而共价闭环的质粒 DNA 虽然变性但仍处于拓扑缠绕状态。将 pH 调至中性并有高盐存在的条件下（Solution Ⅲ），大部分染色体 DNA 不能有效复性，DNA、大分子量的 RNA 和蛋白质在去污剂 SDS 的作用下形成沉淀，而质粒 DNA 仍然为可溶状态。通过离心，可除去大部分细胞碎片、染色体 DNA、RNA 及蛋白质，此时质粒 DNA 尚在上清中，可通过酚/氯仿抽提，用酒精沉淀进一步纯化。

质粒 DNA 提取以后，可通过琼脂糖凝胶电泳进行分离检测，其基本原理是 DNA 分子在琼脂糖凝胶中泳动时有电荷效应和分子筛效应。DNA 分子在高于等电点的 pH 溶液中带负电荷，在电场中向正极移动。在一定的电场强度下，DNA 分子的迁移速度取决于分子筛效应，即 DNA 分子本身的大小和构型，通常 DNA 分子的迁移速度与相对分子质量的对数值成反比关系。凝胶电泳不仅可分离不同相对分子质量的 DNA，也可以分离相对分子质量相同，但构型不同的 DNA 分子。从细胞中分离的质粒通常有 3 种构型：超螺旋的共价闭合环状质粒 DNA；开环质粒 DNA，即共价闭合环状质粒 DNA 一条链断裂；线状质粒 DNA，即共价闭合环状质粒 DNA 两条链发生断裂。这 3 种构型的质粒 DNA 分子在凝胶电泳中的迁移速度不同，因此电泳后可呈 3 条带，超螺旋质粒 DNA 泳动最快，其次为线状 DNA，最慢的为开环质粒 DNA。借助核酸染料，如 EB（溴化乙锭）、GelRed、GelGreen 等，能与双链 DNA 结合的作用，通过紫外线激发即可观察被分离 DNA 片段的位置。

随着生物化学和分子生物学技术的发展，市场上出现了商业化的试剂盒可用于提取及纯化质粒，有些试剂盒整合了 SDS 碱裂解法和 DNA 制备膜技术，具有高效、快速、方便的特点。本实验中采用市售的质粒小量制备试剂盒。通过本实验，学生可学习碱裂解法抽提质粒 DNA 的基本操作技术，并采用琼脂糖凝胶电泳对所提取质粒 DNA 进行检测。

实验十一 质粒 DNA 的提取和琼脂糖凝胶电泳检测

一、实验目的

1. 掌握碱裂解法提取质粒的基本操作步骤和原理。
2. 掌握琼脂糖凝胶电泳分离检测 DNA 的原理和操作技术。
3. 了解实验中所使用各试剂的作用。

二、实验内容

碱裂解法抽提大肠埃希菌 pUC19 质粒 DNA,并采用琼脂糖凝胶电泳检测。

三、实验材料和用具

1. 菌种

Escherichia coli DH5α/pUC19。

2. 用具

微量移液器、枪头(1 mL、0.2 mL、10 μL)、EP 管(1.5 mL)、烧杯、量筒、玻璃棒等。

3. 试剂

LB 液体、固体培养基,100 mg/mL 氨苄青霉素母液,试剂盒内提供的 Buffer CBS(用于质粒提取前柱子的平衡处理,活化硅胶膜,有利于提高质粒产量)、Solution Ⅰ [一般含 50 mmol/L 葡萄糖,10 mmol/L EDTA(pH 8.0),25 mmol/L Tris-HCl(pH 8.0)]、Solution Ⅱ [一般含 0.2 mol/L NaOH,1% SDS(m/v)]、Solution Ⅲ(主要成分通常为:每 100 mL 含 60 mL 5 mol/L 乙酸钠,11.5 mL 冰乙酸,28.5 mL H_2O)、W1 Solution [主要成分通常为苯酚:氯仿:异戊醇(25:24:1)]、Wash Solution(主要成分通常为 70% 乙醇)、RNase A(10 mg/mL)、5×TBE 缓冲液 [Tris 54 g,硼酸 27.5 g,并加入 0.5 mol/L EDTA(pH 8.0)20 mL,定容至 1 000 mL]、6×上样缓冲液 [0.25% 溴酚蓝,40%(w/v)蔗糖水溶液]、无菌双蒸水等。

4. 仪器

恒温培养箱、恒温摇床、超净工作台、台式离心机、微波炉、天平、电泳梳子、电泳仪、电泳槽、凝胶成像仪。

四、实验方法

1. 细菌培养(扩增质粒)

挑取新鲜划线分离的带有 pUC19 质粒的大肠埃希菌单菌落,接种于 5 mL LB(含 100 μg/mL 氨苄青霉素)液体培养基中,37℃振荡过夜培养。

2. 质粒 DNA 的提取

具体操作步骤依据 GENERAY 质粒小量制备试剂盒(GK2004)说明书进行

并有所改进。

(1) DNA 吸附柱平衡处理

向 Plasmid Recovery Column 中加入 200 μL Buffer CBS，12 000 r/min 离心 1 min，倒掉收集管中的废液，将 Plasmid Recovery Column 重新放回到收集管中备用。

(2) 离心

根据菌液生长情况，取 1~2 mL LB 过夜培养菌液，12 000 r/min 离心 1 min，弃尽上清。

(3) 细菌重悬

加入 250 μL Solution Ⅰ，用枪头或振荡器充分悬浮细菌。注意不要残留细小菌块，否则会影响裂解，导致提取质粒量低和质量下降。检查 Solution Ⅰ 中是否已加入 RNase A。

(4) 细菌裂解

加入 250 μL Solution Ⅱ，立即温和并充分地上下翻转混合 6~8 次，使菌体充分裂解，直至形成透亮的蛋清状溶液，此步骤不宜超过 5 min。如果未能变得清亮，可能菌体过多，裂解不彻底，应减少菌液量。

(5) 染色体 DNA 变性

加入 350 μL Solution Ⅲ，温和并充分地上下翻转混合 8~10 次，室温放置 2~5 min。12 000 r/min 离心 10 min。

(6) 质粒 DNA 收获

将步骤 5 中的上清转移到 Plasmid Recovery Column 中（吸附柱放于收集管中），注意不要吸到沉淀。12 000 r/min 离心 1 min，取出 Plasmid Recovery Column，倒掉收集管中废液。

(7) 洗涤吸附柱

将吸附柱重新放回收集管中，加入 500 μL W1 Solution，12 000 r/min，室温离心 1 min，倒掉收集管中废液。

(8) 重复洗涤吸附柱

将吸附柱重新放回收集管中，加入 500 μL Wash Solution，12 000 r/min 离心 1 min，倒掉收集管中废液。再重复一次。

(9) 晾干吸附柱

倒掉收集管中废液，12 000 r/min 离心 2 min，彻底去除 Wash Solution（此步骤不可省略）。然后开盖室温放置数分钟，以彻底晾干吸附柱中残留的漂洗液。

(10) 洗脱

将 Plasmid Recovery Column 放入干净的 1.5 mL 离心管中，在 Plasmid Recovery Column 膜中央加入 50~100 μL 无菌双蒸水，37 ℃放置 2 min。12 000 r/min 离心 2 min，离心管中的液体即为包含目的质粒的溶液。

(11) 取 1~3 μL（视质粒浓度定）进行琼脂糖凝胶电泳检测，纯化好的质粒

DNA 可立即用于后续实验或 –20℃冻存。

3. 琼脂糖凝胶电泳

（1）琼脂糖凝胶配制

称取 0.5 g 琼脂糖粉放入三角瓶，加入 50 mL TBE 电泳缓冲液（1×），置微波炉中烧开。

（2）倒胶

戴上线手套，从微波炉中取出三角瓶，置桌面上冷却至不烫手（50~60℃）。把梳子插到凝胶灌制模具的正确位置后缓缓倒入胶溶液。胶溶液倒至与模具的矮边缘相平即可，不要把胶溶液溢到外面。在桌面上静置 10~20 min 待胶完全凝固。

（3）电泳槽准备工作

在水平电泳槽中加满 1×TBE 电泳缓冲液。根据电泳槽的长度把电泳仪的电压调好（5~10 V/cm），注意正负电极的位置连接正确。

（4）拔梳子

待胶完全凝固后（15~20 min），小心拔出梳子。凝胶要没入电泳液中。凝胶上有样品孔的一侧要朝向电泳槽的负极。

（5）样本稀释

剪 1 片光面纸（或封口膜），点 2 μL 蒸馏水、1 μL 6× 加样缓冲液（同时含 6×DNA 染料），再加入 3 μL 质粒 DNA 溶液制成 6 μL DNA 样品。

（6）加样

先在最边缘加样孔中加入 3~5 μL DNA 分子量标准物 Marker，再用 10 μL 的移液器枪头分别将样品加入凝胶的加样孔中。加样时可以将持移液器的手以肘部固定在桌上，用另一只手扶住这只手的手腕，以减少移液器的抖动。看到蓝色的样品吸管尖头伸进加样孔后（不能伸得太深，以免穿破凝胶的底部）缓缓将蓝色的样品压入加样孔中。切不可使蓝色样品流到孔外。

（7）电泳

打开电源开关，样品将形成一条蓝色的横带向前移动（如果发现蓝色向后移动，立即关闭电源，调换电极）。电泳将进行 20~30 min。

（8）成像

当蓝色的溴酚蓝迁移到距凝胶边缘 1 cm 时，关闭电源。取出模具和凝胶，放入凝胶成像系统中拍照。

（9）清理垃圾

带有 DNA 染料的凝胶要放到专用的垃圾袋中作专门处理，以免污染环境。

五、实验结果

1. 纯化质粒 DNA 的获取

一般情况下，从 2 mL 的 LB 培养基进行过夜培养的 DH5α/pUC19 培养液中，可以纯化得到 5~10 μg 的质粒 DNA。

2. 电泳结果

所提取的 pUC19 质粒 DNA 经琼脂糖凝胶电泳，可得到如下电泳检测结果，见图 3-11-1。

六、实验注意事项

1. 新鲜划线的菌体往往质粒得率较高，液体培养时维持质粒的抗生素浓度也要正确。

2. 宿主菌株的种类将会影响质粒的收获量。含内源核酸酶的宿主菌株，如 HB101、JM101、JM110、TG1 以及它们的衍生菌株，通常因为内源核酸酶的存在，或者在提取过程中释放出来的核酸酶的作用下，将会显著影响最终收获量，或者纯化到的质粒容易降解。一般可将质粒转化至不含内源核酸酶的宿主菌株中，如 Top10、DH5a 等进行质粒纯化。

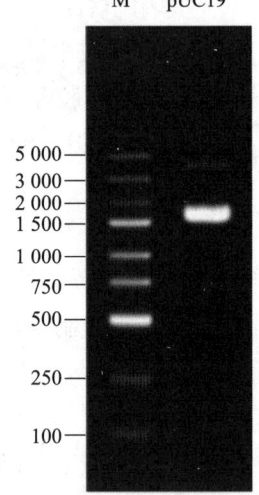

图 3-11-1　提取质粒 pUC19 的电泳检测结果

M：DNA Marker DL2502

3. Soution Ⅱ、Soution Ⅲ 和 W1 Solution 含刺激性化合物，操作时要避免沾染皮肤、眼睛和衣服，谨防吸入口鼻。若沾染皮肤、眼睛时，要立即用大量清水或生理盐水冲洗，必要时寻求医疗咨询。

4. 加入 Soution Ⅱ 和 Soution Ⅲ 后操作应温和，切忌剧烈振荡。

5. 使用过多菌体培养液，会导致菌体裂解不充分，导致质粒得率较低。对低拷贝数质粒，提取时可加大菌体用量并加倍使用溶液，可以有助于增加质粒提取量和提高质粒质量。若质粒是非常高的拷贝数或宿主菌具有很高的生长率，则需减少 LB 培养液体积。

6. 洗脱溶解质粒时，可适当加温或延长溶解时间，可提高质粒得率。洗脱液应加在硅胶膜中心部位以确保洗脱液会完全覆盖硅胶膜的表面达到最大洗脱效率。洗脱体积对回收率有一定影响。随着洗脱体积的增大回收率增高，但产品浓度降低。为了得到较高的回收率可以增大洗脱体积。

7. 在紫外灯下观察时应该戴上防护眼镜，以免强紫外线伤害眼睛。

8. 如果 DNA 条带不够窄且不够均匀，可能是以下几个方面造成的。

（1）DNA 上样量过多。

（2）电泳电压过高。

（3）加样孔破损。

（4）凝胶中有气泡。

实验十一 质粒 DNA 的提取和琼脂糖凝胶电泳检测

思 考 题

1. 质粒的基本特性有哪些？
2. 为什么用酚与氯仿纯化 DNA 时，还要加少量的异戊醇？
3. 为什么用 70% 左右的乙醇沉淀 DNA？

附：质粒提取各试剂作用

1. 质粒提取时各溶液的作用

（1）Soution Ⅰ

葡萄糖可以增加溶液的黏度，维持渗透压，防止 DNA 受机械切力作用降解。EDTA 螯合 Mg^{2+}、Ca^{2+} 等金属离子，抑制脱氧核酸酶对 DNA 的降解作用。EDTA 的存在还有利于溶菌酶的作用，因为溶菌酶的反应要求有较低的离子强度的环境。

（2）Soution Ⅱ

溶液 Ⅱ 中的 NaOH 浓度为 0.2 mol/L，加抽提液时，该系统的 pH 就高达 12.6，因而促使染色体 DNA 与质粒 DNA 的变性。SDS 是离子型表面活性剂，主要功能有以下几方面。

1) 溶解细胞膜上的脂质与蛋白，因而溶解膜蛋白而破坏细胞膜。

2) 解聚细胞中的核蛋白。

3) SDS 能与蛋白质结合成为 $R-O-SO_3\cdots R+-$ 蛋白质的复合物，使蛋白质变性而沉淀下来。但是 SDS 能抑制核糖核酸酶的作用，所以在以后的提取过程中，必须把它去除干净，防止在下一步操作中（用 RNase 去除 RNA 时）受到干扰。

（3）Soution Ⅲ

NaAc 的水溶液呈碱性，为了调节 pH 至 4.6，必须加入大量的冰醋酸。所以该溶液实际上是 NaAc-Hac 的缓冲液。用 pH 4.6 的 NaAc 溶液是为了把 pH 12.6 的抽提液调回 pH 至中性，使变性的质粒 DNA 能够复性，并能稳定存在。而高盐的 5 mol/L NaAc 有利于变性的大分子染色体 DNA、RNA 及 SDS-蛋白复合物凝聚而沉淀。前者是因为中和核酸上的电荷，减少相斥力而互相聚合，后者是因为钠盐与 SDS-蛋白复合物作用后，能形成较小的钠盐形式复合物，使沉淀更完全。

2. pUC19 质粒

pUC19 是一种常用的高拷贝大肠埃希菌克隆载体，pUC19 图谱见图 3-11-2。该分子是一个小的双链环状结构，长度为 2 686 个碱基对。pUC19 编码 β-半乳糖苷酶的 N-末端片段，构建重组子时可做蓝白斑筛选（即 α-互补）；其上还含有氨苄青霉素抗性基因，可用于大肠埃希菌中重组子的筛选。该质粒适用于大多

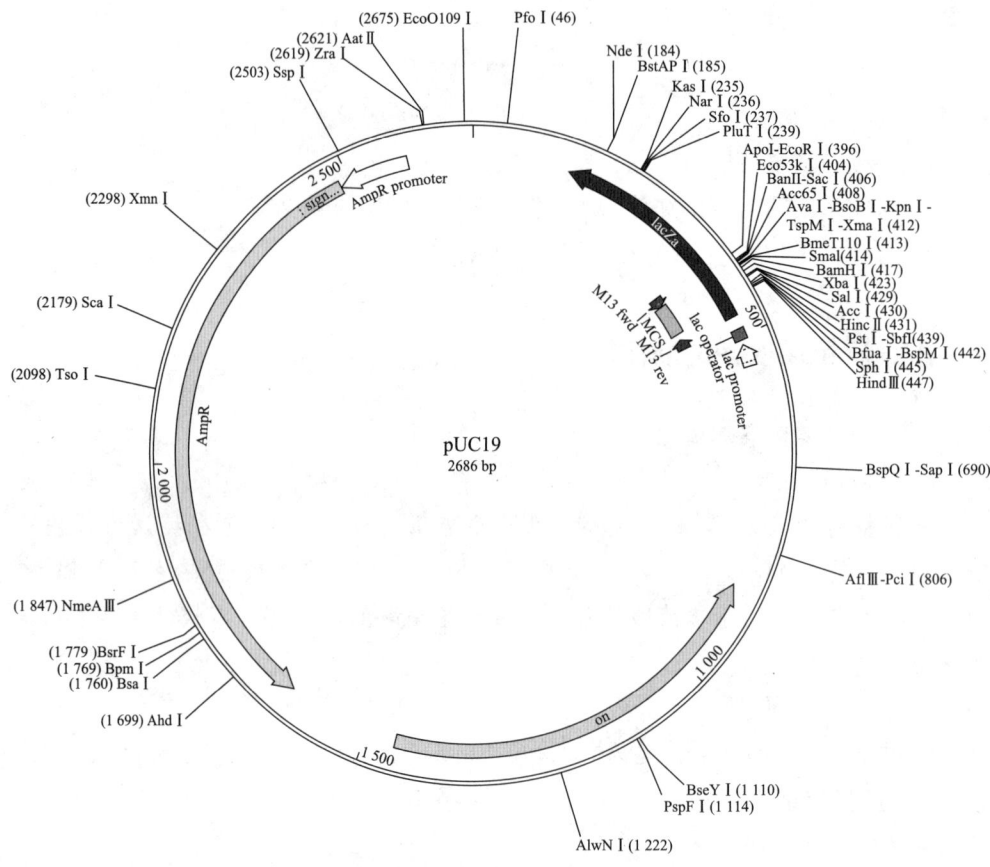

图 3-11-2 质粒 pUC19 的图谱

pUC19 2686 bp ds-DNA circular GenBank accession no. M77789.2

数可商购的感受态细胞,例如 TOP10、DH5α 和 JM109 等。

(李科伟)

实验十二 酸乳的制作及乳酸菌的分离

酸乳是以牛乳为主要原料,接入一定量乳酸菌,经发酵制成的一种乳制品。当乳酸菌在牛乳中生长繁殖并产酸至一定程度时,牛乳中的蛋白质就凝结成块状。由于酸乳中含有乳酸菌的菌体及其代谢产物,对肠道内的致病菌有一定的抑制作用,故可以改善肠道环境,提高免疫力,对人体肠胃消化道疾病的发生有一定的防治作用。

通过本实验的学习,学生可了解制作酸乳和评定成品质量,并应用各种纯种分离法从酸乳中分离和纯化乳酸菌。

实验十二　酸乳的制作及乳酸菌的分离

一、实验目的

1. 学习酸乳的制作方法。
2. 熟悉从酸乳中分离和纯化乳酸菌的方法。

二、实验内容

1. 自制酸乳。
2. 从酸乳或酸乳饮料中分离纯化乳酸菌。

三、实验材料和用具

1. 菌种（酸乳发酵剂）

市场销售的酸乳、市售菌粉。

2. 用具

无菌培养瓶（250 mL）、无菌移液管、布丁瓶（含盖）、试吃勺子、培养皿、药匙、试管架、防爆酒精灯、打火机、接种环、记号笔、载玻片、吸水纸、擦镜纸、无水乙醇等。

3. 培养基

（1）选定 MRS 培养基、改良番茄汁培养基等分离乳酸菌的培养基，配方可参考附录材料。

（2）市售优质全脂奶粉。

（3）蔗糖。

4. 革兰氏染色液。

5. 仪器

恒温水浴锅、培养箱、冰箱、电子秤等。

四、实验方法

1. 酸乳的制作方法

（1）复原牛奶的配制

按 1∶7 的比例加水，把奶粉配制成复原牛奶，并加入 5%~6% 蔗糖。或用市售鲜牛奶加入 5%~6% 蔗糖调匀亦可。

（2）装瓶

在 250 mL 的培养瓶中装入牛乳 200 mL。

（3）消毒

将装有牛乳的培养瓶置于 80℃ 恒温水浴锅中用巴氏消毒法消毒 15 min，或者置于 90℃ 水浴中消毒 5 min 即可。

（4）冷却

将已消过毒的牛奶冷却至45℃。

（5）接种与分装

以5%～10%接种量将市售酸乳接种入冷却至45℃的牛奶中，并充分摇匀后分装在无菌小布丁瓶中，盖好盖子。

（6）培养

把接种后的布丁瓶置于40～42℃温箱中培养6～8 h（培养时间视凝乳情况而定）。

（7）冷藏

酸乳在形成凝块后应在4～7℃的低温下保持24 h以上（称后熟阶段），以获得酸乳的特有风味和较好的口感。

（8）品味

酸乳质量评定通常有凝块状态、表层光洁度、酸度及香味等数项指标，以品尝为评定方式，若有异味就可判定酸乳污染了杂菌。

2. 酸乳中乳酸菌的分离纯化

（1）菌量计数

采用乳酸菌分离常用培养基MRS培养基或番茄汁培养基。

（2）稀释

将待分离的酸乳作适当稀释，取一定稀释度的菌液作平板分离。

（3）分离纯化

乳酸菌的分离可用新鲜酸乳进行平板涂布分离，或直接用接种环蘸取酸乳作平板划线分离。分离后，放37℃下培养以获得单菌落。

（4）观察菌落特征

经48～72 h培养，待菌落长成后，应仔细观察并区别不同类型的乳酸菌。酸乳中的各种乳酸菌在培养基平板表面常呈现三种形态特征的菌落。

1）扁平型菌落

该种菌落大小为2～3 mm，边缘不整齐，很薄，近似透明状，染色镜检为杆状、丝状。

2）半球状隆起菌落

该种菌落大小为1～2 mm，隆起成半球状，高约0.5 mm，边缘整齐且四周可见酪蛋白水解透明圈，染色镜检为杆状，可见"X""Y"状排列。

3）礼帽形突起菌落

该种菌落大小为1～2 mm，边缘基本整齐，菌落中央呈隆起状，四周较薄，也有脂蛋白透明圈，染色镜检也呈链球状。

（5）品尝

单菌株发酵成的酸乳与混菌发酵成的酸乳相比，其香味和口感等都比较差，而两菌混合发酵又以球菌和杆菌按等量混菌接种所发酵成的酸乳为佳。

五、实验结果

1. 菌量计数

不同稀释度的酸乳利用点种的方法可以粗略判断含菌数,如图 3-12-1(a,b)。有时候会发现一些市售酸乳中有酵母菌,如图 3-12-1(c)。

2. 经纯化后,在番茄汁培养基上 42℃培养 48~72 h 后,常见的嗜酸乳杆菌(*Lactobacillus acidophilus*)、嗜热链球菌(*Streptococcus thermophilus*)和保加利亚乳杆菌(*Lactobacillus bulgaricus*)呈现三种形态特征的菌落。见图 3-12-2(a,b,c)。

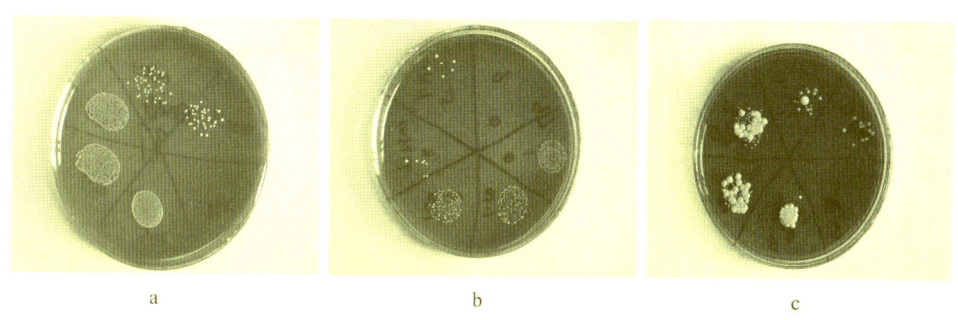

图 3-12-1 点种法菌落计数粗略判断酸奶样本中的含菌量

a. 选择肉眼可数的菌数量 30 个左右,乘以稀释倍数 10^5,可粗略判断含菌数大于 10^6 CFU/mL;b. 选择肉眼可数的菌数量 50~100 个,乘以稀释倍数 10^5,可粗略判断含菌数大于 10^7 CFU/mL(四舍五入法);c. 市售酸奶中是酵母菌在 MRS 培养基上生长

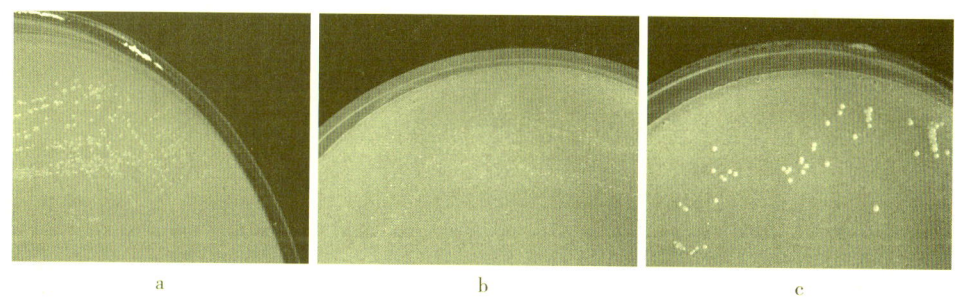

图 3-12-2 乳酸菌常见三种菌落形态

a. 嗜酸乳杆菌;b. 嗜热链球菌;c. 保加利亚乳杆菌

3. 经革兰氏染色,染色镜检常见的形态和排列。图 3-12-3(a,b,c)。

第三章 综合性实验

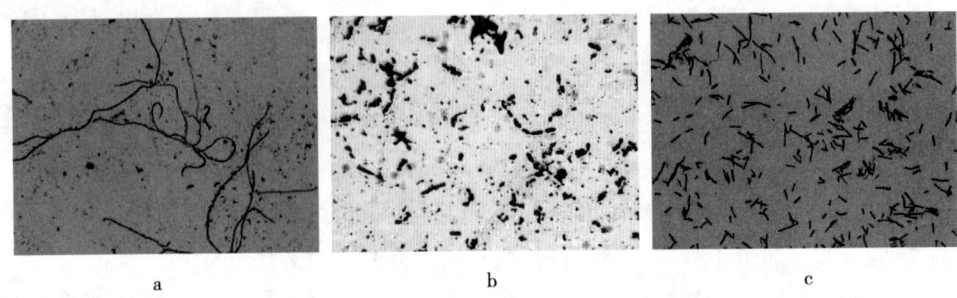

图 3-12-3　乳酸菌常见镜下形态和排列状况
a. 嗜酸乳杆菌；b. 嗜热链球菌；c. 保加利亚乳杆菌

4. 将各批混菌发酵的酸乳品评结果记录于表 3-12-1 中。

表 3-12-1　几批酸乳品评结果

批号	品评项目				pH	结论
	凝乳情况	口感	香味	异味		
1						
2						
3						

六、实验注意事项

1. 选择优良的种子菌、酸乳（或发酵剂）是获得最佳酸乳的关键。
2. 在酸乳发酵及传代中应避免杂菌污染，特别是芽孢杆菌的污染，否则可导致酸乳产生异味。

思 考 题

1. 制备酸乳时，为何混菌发酵比纯菌发酵更优越？
2. 制作的酸奶中若有气泡产生能食用吗？为什么？

（曾爱兵　周　燕）

实验十三　最低抑菌浓度测定

最低抑菌浓度（minimal inhibitory concentration，MIC）是指能够抑制微生物生长所需的最低抗菌药物浓度，其测定方法可在液体或固体培养基中进行。

固体法是将不同剂量的药物与一定量融化的固体培养基混合，制成含递减浓度的药物平板。将待测的幼龄菌制成适当浓度的菌液，然后用接种环或其他工具把测试菌接种于含药平板上，使每个接种点含有约 100 个细菌。如采用贝氏盘多点接种器则每一平板上可同时接种 25 个菌株。然后将平板置合适温度下培养一定时间，观察测试菌的生长情况。抑制细菌生长的最低药物浓度为该抗生素对该菌的 MIC。判断该菌的生长情况有几种方法，有的以该菌不生长的平板最低所含药剂浓度为该药的 MIC，有的则以接种点长出的菌落数少于 5 个者作为 MIC 的标准。固体法的优点是一个平板上可同时测试约 20 个菌株。缺点是手续较繁，药物不易分散均匀，而且测试菌的接种量常难以控制。

液体稀释法是在试管中加入一定量适宜测试菌生长的液体培养基作为稀释液，将不同剂量的药物加入各管中，使形成一组含不同递减浓度的药物试管，然后逐管加入一定量的测试菌，在合适温度下培养一定时间后，用肉眼观察其浑浊度或用光电比色计作比浊测定，以不长菌管的最低药物剂量为该药的 MIC。药物的浓度以 μg/mL 表示。此法的优点是药物分散较均匀，只要测试菌的接种量一定就较易判断微生物有否生长；其不足之处测试菌株过多时，工作量大，且较费时。

一、实验目的

1. 学习应用最低抑菌浓度法测定抑制剂的抑菌效力的机制。
2. 掌握试管液体稀释法、琼脂平板稀释法实验操作方法。
3. 了解 E 试验的原理和优点。

二、实验内容

1. 试管液体稀释法。
2. 琼脂平板稀释法。
3. E 试验。

三、实验材料和用具

1. 菌种

（1）金黄色葡萄球菌标准菌株（ATCC25923），1 株，18~24 h 营养琼脂平板培养物分离出单菌落。

（2）金黄色葡萄球菌临床分离株，2 株，18~24 h 营养琼脂平板培养物分离出单菌落。

2. 用具

试管架、防爆酒精灯、接种环、打火机、记号笔等。

微量加样器（0.5~10 μL）每组 1 把，微量加样器（100~1 000 μL）每组 1 把，配套无菌吸嘴各一盒，无菌试管每组 24 支，无菌培养皿每组 15 只。

3. 培养基

（1）MH 肉汤

去脂肪筋膜牛肉 300 g 绞碎，加蒸馏水 1 000 mL，制成肉浸液。将可溶性淀粉 1.5 g，水解酪蛋白 17.5 g，加入肉浸液内，加热熔化后调 pH 至 7.4，高压灭菌 20 min 备用。或用市售合成的干燥培养基按使用说明配制。30 mL/ 瓶，每组 1 瓶。

（2）水解酪蛋白琼脂（MHA）培养基

MH 肉汤 1 000 mL，调 pH 后，加 17 g 琼脂，加热溶解，每支 18 mL 分装后高压灭菌 15 min 备用。每组 14 支。

4. 抗生素药物

（1）1 000 U/mL 的青霉素钾盐，2 mL/ 支，1 支。

（2）25 U/mL 的青霉素钾盐，2 mL/ 支，1 支。

5. 麦氏比浊管（校正待检菌浓度用）

标准比浊管的制备：1.175% $BaCl \cdot 2H_2O$ 溶液加入 1% H_2SO_4 99.5 mL 中，充分混匀。选择管径与制备菌液试管相同的试管，每管分装 4～6 mL，密封，贮存于室温暗处，其浊度相当于麦氏比浊管第一管的 1/2（1.5 亿 /mL），每半年重配一次。

6. 无菌水

（1）5 mL/ 支，4 支。

（2）50 mL/ 瓶，1 瓶。

7. 仪器

电热恒温培养箱、恒温水浴箱、高压蒸汽灭菌器。

四、实验方法

1. 试管稀释法

（1）10^5 CFU/mL 菌悬液的配制

1）直接挑取平板上 3～5 个菌落用生理盐水校正菌液浓度与比浊管相同，相当于 10^8 CFU/mL。使用麦氏比浊管校正待检菌浓度前须先颠倒混匀 20 次。或用接种环挑取琼脂平板上单菌落至 4～5 mL MH 液体培养液中，置 35℃中培养 2～8 h，再用生理盐水或 MH 液校正菌液浓度与比浊管相同。

2）吸取 10^8 CFU/mL 菌液作 200 倍稀释即成浓度 10^5 CFU/mL。

（2）药物稀释

1）标号

取无菌小试管 12 支排于试管架，于第一管加入 MH 肉汤 1.0 mL，1～9 管各加 1 mL，第 10 支为阳性对照，第 11 支为药物对照，第 12 支为空白肉汤对照。

实验十三 最低抑菌浓度测定

2）药物倍比稀释

于第一管加入稀释好的 25 U/mL 的青霉素钾盐 1 mL，混匀后取 1 mL 加入第 2 管，依次倍比稀释，自第 9 管吸出 1 mL 弃去，第 10 管为阳性对照管（表 3-13-1）。

表 3-13-1 青霉素液稀释法

试管号	1	2	3	4	5	6	7	8	9	10
培养基（mL）	1.0	1.0	1.0	1.0	1.0	1.0	1.0	1.0	1.0	1.0
25 U/mL 青霉素液（mL）	1.0	1.0	1.0	1.0	1.0	1.0	1.0	1.0	1.0	弃去
青霉素浓度（U/mL）	12.5	6.25	3.12	1.56	0.78	0.39	0.2	0.1	0.05	0

3）加菌液

在 1~10 管中加入已校正浓度的金黄色葡萄球菌菌液（10^5 CFU/mL）100 μL，第 11 支不加菌液为阴性对照，混匀后放置 35℃培养 18 h，观察结果。

2. 琼脂平板稀释法

（1）制备含药琼脂平板

1）标记

在平板底部做好标记，共用 14 个无菌 90 mm 平皿。将药液倍比稀释至 11 个不同浓度，分别加各个浓度的抗生素 2 mL 于 11 个无菌平板中，第 12 个平板只加菌不加药物作阳性对照，第 13 个平板只加药物不加菌作阴性对照，第 14 个只加无菌水作稀释液对照。

2）药物倍比稀释

取 2 mL 1 000 U/mL 青霉素药液于试管中，加入 2 mL 灭菌水混匀成 500 U/mL 的青霉素药液，吸 2 mL 500 U/mL 青霉素药液于第 1 块无菌平板内，接着在剩余的药液管中继续加入 2 mL 灭菌水混匀成 250 U/mL 的青霉素药液，再吸 2 mL 250 U/mL 青霉素药液于第 2 块无菌平板中，如此重复直至稀释至第 11 块无菌平板。

3）含药琼脂平板制作

将冷至 50℃左右的 MH 琼脂各 18 mL 分别加到 14 块上述平板，充分混匀，冷却凝固成药物浓度梯度平板（接种前平板必须相当干燥）。

（2）加待测菌

取已校正浓度的待检菌液（10^8 CFU/mL）接种于含药琼脂的表面，操作时从最低浓度的琼脂平板种起，使每滴约 2 μL 菌液，每个平板可接种多个样本。每一接种点的液滴直径为 5~8 mm，注意勿使移动，待接种点干燥后，再将平板翻转，置 35℃孵箱内孵育 16~24 h 观察结果。

（3）注意事项

1）无论在平板上还是在液体中测定 MIC，药物必须混匀，否则将影响结果的准确性。

2）应选用对该药物敏感的菌株和合适的菌株，而且接种量一定要一致。

3）不管哪种方法都要有阴性对照和阳性对照。

4）实验开始，先将MH琼脂熔化置50℃恒温水浴箱保温备用。

5）接种前平板必须相当干燥，表面无冷凝水。用前平板表面若有水分可放在超净工作台内开启风机和紫外灯吹干。

6）MH肉汤要求澄清无沉淀，若培养基浑浊须注意调整pH并过滤。

五、实验结果

1. 试管稀释法

确定无细菌生长的药物最高稀释管，该管的浓度即为此药物对该菌的最低抑菌浓度，即MIC。将用液体稀释法测得的结果记录于下表（表3-13-2）中。

表3-13-2　液体稀释法测得结果

测试菌	药物浓度（U/mL）									对照管		
	1	2	3	4	5	6	7	8	9	10	11	12
	12.5	6.25	3.12	1.56	0.78	0.39	0.2	0.1	0.05	只含菌	只含药物	稀释液
标准株												
试验株												

注：结果中，生长管以"+"表示，不生长管以"-"表示

2. 琼脂平板稀释法

不出现菌落的琼脂平板上的最低药物浓度为其最低抑菌浓度。结果可用药物的浓度报告。若超过抑菌终点仍有数个明显菌落，应考虑试验菌的纯度而予以复试；如仅为单个菌落，可予以忽略。判定时应注意：①薄雾状生长不算；②<5个菌落不算；③若在数个平板上呈拖尾或跳管生长等现象，应该重做试验。

将固体稀释法测得的结果记录于下表（表3-13-3）中。

表3-13-3　固体稀释法测得结果

测试菌	药物浓度（U/mL）											对照管		
	1	2	3	4	5	6	7	8	9	10	11	12	13	14
	25	12.5	6.25	3.12	1.56	0.78	0.39	0.2	0.1	0.05	0.025	只含菌	只含药物	无菌水
标准株														
试验株														

注：结果中，生长以"+"表示，不生长以"-"表示。并计数接种点上出现的菌落数，若<5个菌落判为"-"

实验十三 最低抑菌浓度测定

思 考 题

在固体平板上和液体平板上测得的 MIC 是否一致？如不一致，其可能原因是？

附：E 试验

E 试验（E test）是一种定量的抗生素药敏测定技术，此试验是稀释法和扩散法原理结合的产物，可用于在琼脂培养基上判定某抗生素对微生物的最小抑菌浓度（MIC），用 μg/mL 表示。E 试验能用连续的 MIC 数值直接对抗生素的药敏定量。由于 E 试验 MIC 值来自一个预先制备且连续的抗生素浓度梯度，因此它们较常规基于不连续的倍比稀释法所获取的 MIC 值更精确。尽管 E 试验的操作与纸片扩散法相似，但它又不同于常规纸片法，表现在预先形成的稳定的抗生素浓度梯度的使用。

E 试条是由一个 60 mm×5 mm 大小的非活性的无孔塑料试条构成。试条的一面标有以 μg/mL 为单位的 MIC 判读刻度。此面柄端的双字母代码用于表示抗生素的种类，试条的另一面固定有一个预先制备好的干燥而稳定的指数浓度梯度的抗生素。根据不同的抗生素，其梯度可覆盖一个从 0.002～32 μg/mL（或 0.016～256 μg/mL、0.064～1 024 μg/mL）的连续浓度范围。这个范围与常规 MIC 法的 15 个对倍稀释浓度相对应。

当 E 试条被放置在一个已接种细菌的琼脂平板上时，其载体上的抗生素迅速且有效地释放入琼脂介质，从而在试条下方马上建立了一个抗生素浓度连续的指数梯度。经过孵育后，细菌的生长清晰可辨，即可见一个以试条为中心的对称椭圆抑菌环。椭圆环边缘与试条的交界处刻度（以 μg/mL 为单位）即为 MIC 值。

1. 实验材料和用具

（1）接种物的制备

从孵育过夜的琼脂平板挑取一定数量的单个菌落，用无菌生理盐水稀释，使液体乳化并达到正确的接种浊度。需氧菌要用 0.5 号麦氏浊度；厌氧菌在制备过程当中极易死亡，要用 1 号麦氏浊度。

（2）培养基

使用恰当琼脂平板，比如肠杆菌用 M-H 琼脂培养基，厚度（4±0.5）mm，培养基与添加物随受试菌不同各异。

（3）试剂

E 试条。

(4) E 实验的加样

150 mm 平板可放 4~6 个不同药物 E 试条。只做单一抗生素 MIC 测定时,即在 90 mm 平板上放 1~2 个 E 试条。对非常敏感菌株,每平板的试条数应减少些。

2. 实验方法

(1) 接种

用无毒无菌拭子蘸取菌悬液后,沿管壁旋转挤压,去除多余菌液,涂布整个琼脂表面 3 次,每次约旋转平板 90℃以确保接种量的均匀。停放 10~15 min 让琼脂表面菌液吸收,以保证加试条前琼脂表面完全干燥。

(2) 加样

要确保加试条前已接种的琼脂平板完全干燥。用镊子将试条放在已接种细菌的平板表面,且浓度最大端与边缘要保留有一定距离,试条全长应与琼脂表面紧密接触。在 90 mm 平板上若放 2 个 E 试条,则两者浓度最大端方向相反。一旦放好,切勿再移动试条,因为抗生素在瞬间已扩散进入琼脂。如图 3-13-1(a, b, c)。

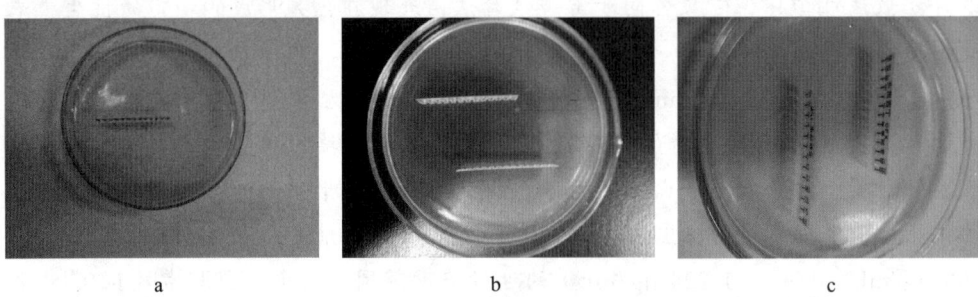

图 3-13-1　E 试条加样方法

a. 单试纸;b. 双试纸;c. 双试纸浓度最大端方向相反

(3) 孵育

放 37℃温箱培养 16~18 h,观察结果。

3. 实验结果

达到要求的孵育时间且细菌的生长清晰可辨时(图 3-13-2),即可在椭圆抑

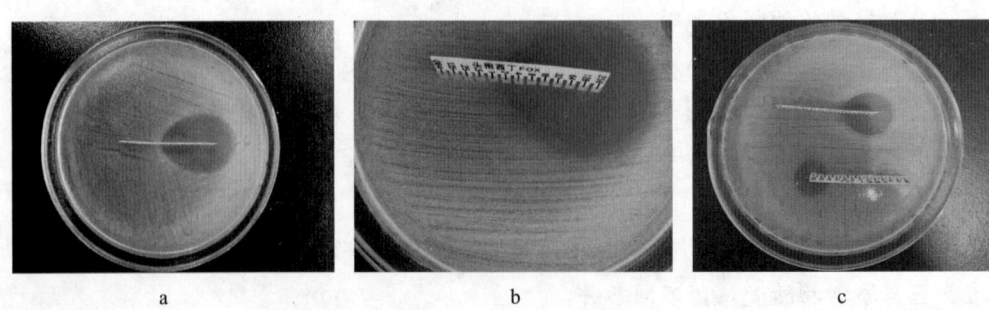

图 3-13-2　E 实验结果

a. 单试纸;b. MIC 刻度;c. 双试纸

菌环与 E 试条的交界处读取 MIC 值。当细菌沿整个试条生长即无可见抑菌环时，MIC 应报告为大于读数刻度的最高值。当抑菌椭圆环伸至试条下方时，即环的边缘与试条无交点时，MIC 应报告为小于读数刻度的最低值。

（刘彩霞　曾爱兵）

实验十四　真菌、放线菌的分离培养

　　由于每一大类微生物都有其独特的细胞形态，因而其菌落形态特征也各异。在四大类微生物的菌落中，细菌和酵母菌形态较接近，放线菌和霉菌形态较相似。

　　细菌和多数酵母菌都是单细胞微生物。菌落中各细胞间都充满毛细管水、养料和某些代谢产物，因此，细菌和酵母菌的菌落形态具有类似的特征，如湿润、较光滑、较透明、易挑起、菌落正反面及边缘、中央部位的颜色一致，且菌落质地较均匀等。酵母菌由于细胞较大（直径约比细菌大 10 倍）且不能运动，故其菌落一般比细菌大、厚而且透明度较差。酵母菌产生色素较为单一，通常呈矿蜡色，少数为橙红色，个别为黑色。但也有例外，如假丝酵母因形成藕节状的假菌丝，故细胞易向外圈蔓延，形成菌落大而扁平和边缘不整齐等特有形态。酵母菌普遍能使含碳有机物发酵产生醇类，故其菌落常伴有酒香味。

　　放线菌和霉菌二者都是丝状的，当其生长于固体培养基上时有营养菌丝（或基内菌丝）和气生菌丝的分化。气生菌丝向空间生长，菌丝之间无毛细管水，因此菌落外观呈干燥、不透明，呈现或紧或松的蜘蛛网状、绒毛状或皮革状等特征。由于营养菌丝伸入培养基中使菌落和培养基连接紧密，故菌丝不易被挑起。由于营养菌丝、气生菌丝和孢子的颜色不同，常使菌落正反面、中央和边缘显示出不同的颜色和纹饰。丝状菌是以菌丝顶端延长的方式进行生长的，越近菌落中心的气生菌丝其生理年龄越大，也越早分化出子实器官或分生孢子，从而反映在菌落颜色上的变化，一般情况下，菌落中心的颜色常比边缘深。有些菌的营养菌丝还会分泌水溶性色素并扩散到培养基中而使培养基变色。有些菌的气生菌丝在生长后期还会分泌液滴，因此，在菌落上出现"水珠"。霉菌属真核生物，具有发达的菌丝体，它们的菌丝一般较放线菌粗（几倍）且长（几倍至几十倍），其生长速度比放线菌快，故菌落大而疏松（或大而紧密）。由于菌丝会形成一定形状、构造和色泽的子实器官，所以菌落表面往往有肉眼可见的构造和颜色。因此，用低倍显微镜即可观察。放线菌属原核生物，菌丝以形成放线状而得名为放线菌，其菌丝较细，后期在孢子丝上产生大量孢子，放线菌的菌落比霉菌的菌落小而紧密，表面呈粉状。

　　孟加拉红（虎红）培养基是一种用来分离真菌的选择性培养基。这种培养基的特点是加入的孟加拉红和链霉素能有效地抑制细菌和放线菌的生长，而对真菌无抑制作用，因而真菌在这种培养基上可以得到优势生长，从而达到分离真菌的目的。

马铃薯蔗糖培养基（PDA 培养基）是一种广泛用于霉菌培养的培养基，在配制过程中，不经 pH 调节而呈自然状态，被用于各类食品和饮料中酵母菌和霉菌检测和计数。

高氏一号培养基是一种用于放线菌的合成培养基，以可溶性淀粉作为碳源和能源，硝酸钾作为氮源，磷酸氢二钾、硫酸镁、硫酸亚铁作为无机盐。放线菌的培养往往在平板中加入 0.5% 重铬酸钾溶液（或 50 U/mL 制霉菌素以抑制霉菌的生长）。

沙保氏培养基是一种培养鉴定酵母样真菌的传统无选择性培养基，最常用于临床上念珠菌的分离培养。

一、实验目的

1. 了解真菌、放线菌培养基成分；掌握选择培养基的配制方法并熟悉其选择的原理。
2. 观察并掌握酵母菌、曲霉、根霉、青霉、细黄链霉菌的菌落形态特征。
3. 掌握酵母菌、放线菌、霉菌主要的培养特性。

二、实验内容

1. 沙保氏、PDA、高氏一号培养基的配制。
2. 白假丝酵母菌、曲霉、根霉的小室培养。
3. 酵母菌、白假丝酵母菌、细黄链霉菌曲霉、根霉、青霉在不同培养基上形态特征的观察。

三、实验材料和用具

1. 菌种

酿酒酵母、白假丝酵母菌、细黄链霉菌东京根霉、黑曲霉、桔青霉。

2. 用具

天平、烧杯、三角烧瓶、量筒、漏斗、15×150 大试管、玻棒、药匙、无菌载玻片、盖玻片、无菌吸管、接种环、接种针、试管架、防爆酒精灯、记号笔等。

3. 培养基

放线菌、霉菌培养基成分分别如下。

（1）淀粉琼脂培养基配方（高氏一号）

可溶性淀粉，20.0 g $MgSO_4 \cdot 7H_2O$，0.5 g

KNO_3，1.0 g   NaCl，0.5 g

K_2HPO_4，0.5 g $FeSO_4 \cdot 7H_2O$，0.01 g

琼脂，20 g　　　　　　　　　　　蒸馏水，1 000 mL

调 pH 至 7.2～7.4

高压灭菌 0.058 MPa，20 min。

（2）马铃薯蔗糖琼脂培养基（PDA）的配制

先将马铃薯去皮，切成小块，放入烧杯中煮沸 30 min，注意用玻棒搅拌以防糊底。然后用双层纱布过滤，得到滤液加葡萄糖，补足体积至 1 000 mL，自然 pH。高压灭菌 0.058 MPa，20 min。成分配方如下：

去皮马铃薯（或鲜豆芽），200 g　　蒸馏水，1 000 mL

蔗糖（或葡萄糖），20 g　　　　　琼脂，20 g

pH 自然

（3）玉米 – 吐温 80 琼脂

玉米粉，40 g　　　　　　　　　　琼脂，12 g

吐温 –80，10 g　　　　　　　　　蒸馏水，1 000 mL

pH 自然

（4）小牛血清。

（5）仪器

高压蒸汽灭菌锅、霉菌培养箱、隔水式电热恒温培养箱。

四、实验方法

1. 培养基的配制（制成斜面、平板）。

2. 制备酵母菌、霉菌单菌落

（1）制备菌悬液或孢子悬液

在培养好的斜面菌种管内加入 2 mL 无菌水，振荡混匀，制成菌悬液后备用。

（2）接种

通过平板划线法获得酵母菌、放线菌的单菌落。用三点接种法获得霉菌的单菌落。

（3）培养

酵母菌、放线菌于 28℃培养 2～3 d，霉菌置 28℃培养 5～7 d，待长成菌落后，仔细观察，并记录观察结果。

3. 霉菌小室培养

（1）准备湿室

在培养皿底铺一张圆形滤纸片，其上放一"冂"形载玻片搁架，在搁梁上放一块载玻片和两块盖玻片，盖上皿盖，外用纸包扎，121℃湿热灭菌 30 min 后，置 60℃烘箱中烘干备用。

（2）霉菌接种

用接种环挑取少量待观察的霉菌孢子至湿室内的载玻片上，每张载玻片可接同一菌种的孢子两处。接种时只要将带菌的接种环在载玻片上轻轻碰几下即可（务必记住接种的位置）。

（3）加培养基

用无菌细口滴管吸取少量约60℃的融化PDA培养基，滴加到载玻片的接种处，培养基应滴得圆而薄，其直径约为0.5 cm（滴加量一般以1/2小滴为宜）。

（4）加盖玻片

在培养基未彻底凝固前，用无菌镊子将皿内盖玻片盖在琼脂块薄层上，用镊子轻压，使盖玻片和载玻片间的距离相当接近，但不能压扁，否则不透气。

（5）倒保湿剂

每皿倒大约3 mL 20%的无菌甘油，使皿内的滤纸完全润湿，以保持皿内湿度，皿盖上注明菌名、组别和接种日期。此即为制成的载玻片湿室，置28℃恒温培养3~5 d。

4. 白假丝酵母菌小室培养

接种到玉米-吐温琼脂小室培养48~72 h观察厚膜孢子，载玻片湿室37℃培养2~3 d。

5. 芽管形成试验

白假丝酵母菌接种到血清管，37℃培养6~8 h，观察芽管形成情况，继续培养，观察假菌丝。

6. 注意事项

载玻片湿室培养时，盖玻片不能紧贴载玻片，要彼此有极小缝隙，一是为了通气；二是使各部分结构平行排列，易于观察。

五、实验结果

真菌的菌落从形态观察可分三大类：酵母菌落、酵母样（型）菌落及丝状菌落。

1. 酵母菌落

该菌落为圆形、较白色，边缘整齐表面光滑、湿润，假菌丝不伸入到培养基内，和细菌菌落比较相似。

2. 酵母样（型）菌落

该菌落表面和酵母菌落相似，但有生成的假菌丝伸入培养基内。

3. 丝状菌落

观察各种丝状菌斜面培养物，菌落表面大都有气生菌丝，肉眼观察呈绒毛状、粉状、棉花样等，故称丝状菌落，色泽多种多样，红色毛菌呈紫红色，铁锈色毛菌呈铁锈色或棕色等，见图3-14-1。

4. 白假丝酵母菌

接种到玉米-吐温琼脂小室培养48~72 h观察厚膜孢子。白假丝酵母菌接种到血清管6~8 h观察芽管形成情况，继续培养18~24 h，观察假菌丝。见

实验十四 真菌、放线菌的分离培养

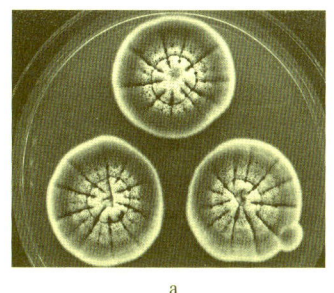 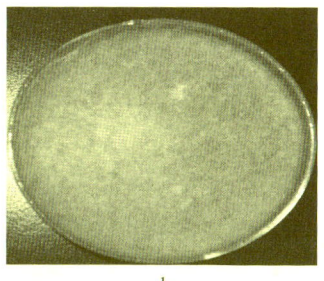 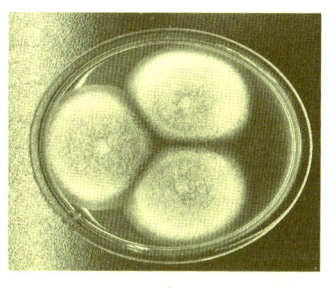

a　　　　　　　　　　　　b　　　　　　　　　　　　c

图 3-14-1　真菌的丝状菌落及其产生的各种色素
a. 青霉；b. 根霉；c. 曲霉

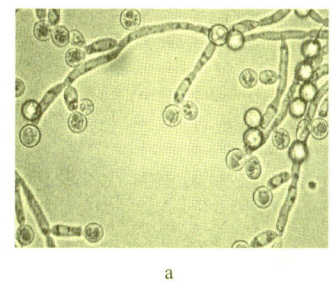 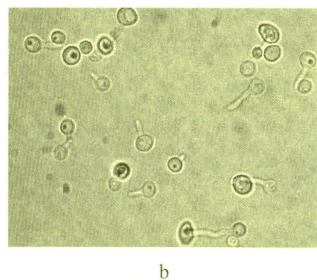 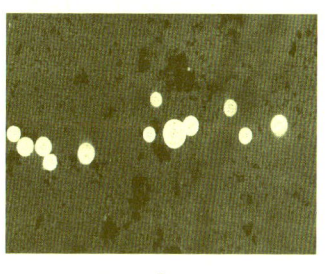

a　　　　　　　　　　　　b　　　　　　　　　　　　c

图 3-14-2　酵母单细胞显微镜下实验观察
a. 厚膜孢子；b. 芽管；c. 活体标本墨汁染色细胞外肥厚的荚膜

图 3-14-2（a，b），图 3-14-2（c）为活体标本墨汁染色。

5. 霉菌载玻片小室培养

从培养 16~20 h 开始，通过连续观察，可了解孢子的萌发、菌丝体的生长分化和子实体的形成过程。将湿室内的载玻片取出，直接置于低倍镜和高倍镜下观察曲霉、根霉等霉菌的形态，重点观察菌丝是否分隔，曲霉和黑霉的分生孢子形成特点，曲霉的足细胞，根霉的假根，青霉可形成顶囊的分生孢子梗和帚状枝等。菌落底层有营养菌丝伸入培养基内。见图 3-14-3。

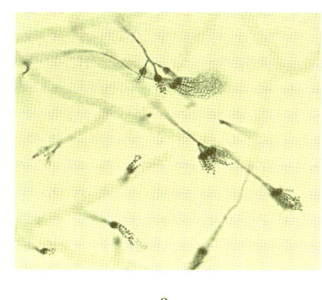 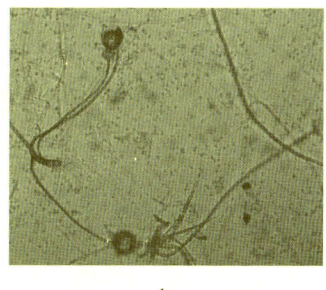 

a　　　　　　　　　　　　b　　　　　　　　　　　　c

图 3-14-3　显微镜下观察各种霉菌孢子囊和菌丝
a. 青霉菌的孢子囊似帚状枝；b. 根霉菌的假根和菌丝（不分隔）；c. 曲霉菌的孢子囊和气生菌丝（分隔）以及深入培养基内的营养菌丝

思 考 题

1. 试比较细菌和酵母菌的异同。
2. 酵母菌假菌丝是怎样形成的，与霉菌真菌丝有何区别？
3. 什么叫载玻片湿室培养？它适用于观察怎样的微生物，有何优点？如果用小室培养进行细菌形态的观察，适宜吗？为什么？
4. 列表比较根霉、曲霉细胞形态和结构的异同。

附：四大类微生物菌落形态的识别和比较

微生物的个体形态是群体形态的基础，群体形态则是无数个体形态的集中反映。每一类微生物都有一定的菌落特征，大部分菌落都可以根据形态、大小、色泽、透明度、致密度和边缘等特征来识别，表 3-14-1。

表 3-14-1　四大类微生物菌落的基本特征和鉴别要点

特征	类别			
	细菌	放线菌	真菌	
			酵母菌	霉菌
菌落表面形态特征	圆形或不规则形；边缘光滑或不整齐；大小不一，表面光滑或皱褶；颜色不一，常见灰白色、乳白色；湿润黏稠；菌落呈透明、半透明或不透明	与细菌比较，主要区别为表面干燥，菌丝体较细，产生大量的分生孢子，呈细致的粉末状或绒毛状	颇似细菌的菌落，较细菌大而厚，一般圆形；边缘整齐，表面光滑；不及细菌菌落湿润、黏稠；多显乳白色	与细菌比较，差异显著。与放线菌比较，表面呈绒毛状或棉絮状。如呈粉末状，则不及放线菌致密
菌落在培养基上生长情况	整个菌落易用接种环从培养基表面刮去	菌落表面的粉末或茸毛，气生菌丝和孢子丝可用接种环从培养基表面刮去，但菌落基部（基质菌丝）不易用刮去，留下圆形、密实的基部菌丝块	与细菌相似	与放线菌比较，整个霉菌菌落可用接种环从培养基表面刮去，不会在培养基上留下基部菌丝块
菌落生长过程	从菌落形成到成熟，主要变化为增大、增厚、颜色加深	初期出现由密实的基质菌丝构成的菌落，随后菌落表面出现细致的绒毛或粉末状的气生菌丝和孢子丝，并呈现不同颜色	与细菌相似	初期出现白色或无色的绒毛状（或棉絮状）菌落，随后霉菌形成孢子，呈现粉末状和不同颜色。
可能出现的气味	臭味	土腥味、冰片味	酒香味	霉味

熟悉和掌握四大类微生物（即细菌、酵母菌、放线菌和霉菌）的形态特征，对于菌种的识别和筛选具有重要作用。四大类微生物在个体和菌落上的主要区别是：

1. 细胞形态

细菌的细胞形态小而分散，酵母细菌大小而分散，放线菌细丝状，霉菌粗丝状。

2. 菌落形态

细菌的菌落形态为表面湿润，小而薄。酵母细菌表面湿润，大而厚。放线菌表面干燥，小而致密。霉菌表面干燥，大而蓬松。

四大类微生物菌落的基本特征具体见图 3-14-4 示例。

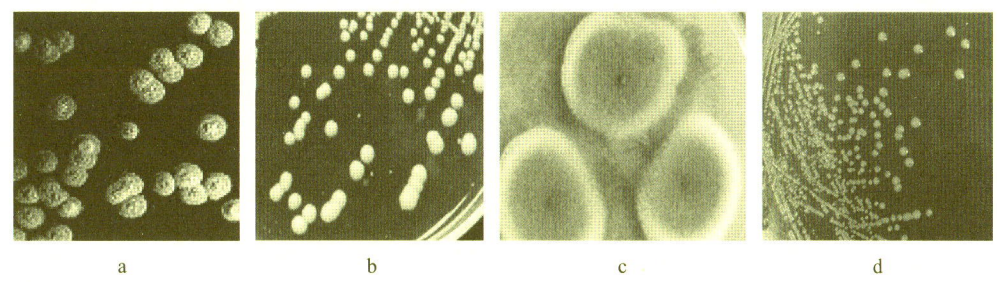

图 3-14-4　四大微生物菌落形态观察示例
a. 放线菌；b. 酵母菌；c. 霉菌；d. 细菌

（陈栎江　曾爱兵）

实验十五　微生物菌种的保藏

微生物菌种在使用和传代过程中容易发生污染、变异甚至死亡，因而常常造成菌种的衰退，并有可能使优良菌种丢失。菌种保藏就是对活体微生物群体进行有效保存，使菌体不死、不衰、不被杂菌污染、不发生（或少发生）变异，以便于研究、交换和使用。

各种微生物遗传特性不同，因此适合采用的保藏方法也不一样。一种良好的保藏方法，首先应能保持原菌种的优良性状长期不变，同时须考虑方法的通用性、操作的简便性和设备的普及性。目前可采用的保藏方法有 20 多种，其原理主要是运用干燥、低温和隔绝空气的手段，降低微生物菌株的新陈代谢速度，使菌体生命活动处于半永久性休眠状态，从而达到保藏目的。以下介绍其中几种典型方法。

传代培养保藏法：包括斜面培养、液体培养、穿刺培养或疱肉培养基培养，一般只作为短期存放菌种用。本法是将菌种接种于适宜的培养基中，最适条件下培养，待生长充分后，于4~6℃进行保存并间隔一定时间进行移植培养的菌种保藏方法。

液体石蜡保藏法：亦称矿物油保藏法，是指将菌种接种在适宜的斜面培养基上，在最适条件下培养至菌种长出健壮菌落后注入灭菌的液体石蜡，使其覆盖整个斜面，再直立放置于低温（4~6℃）干燥处进行保存的一种菌种保藏方法。

载体保藏法：是指将某些微生物吸附在一定的载体上，如土壤、沙子、滤纸等，然后进行干燥的方法。该法操作比较容易，普通实验都能进行。

冷冻保藏法：是一种使菌种始终存放在低温环境下的保藏方法，可分为低温保藏、干冰酒精快速冷冻保藏和液氮保藏。实验室常将菌种保藏在-80℃冰箱中，以减缓细胞的生理活动进行冷冻保藏。

真空冷冻干燥保藏法：该法先使微生物在极低温度（-70℃）下快速冷冻，然后进行减压利用升华作用除去水分，使细胞的生理活动趋于停止，从而长期维持存活状态。

一、实验目的

1. 了解几种常用的菌种保存方法及其应用。
2. 了解菌种保存在生物技术方面的作用。

二、实验内容

1. 细菌、酵母菌、放线菌、霉菌保存培养基的选择。
2. 斜面传代培养保藏法、液体石蜡保藏法、沙土载体保藏法、真空冷冻干燥保藏法保存菌种操作。

三、实验材料和用具

1. 菌种

细菌、酵母菌、放线菌、霉菌斜面菌种。

2. 器材用具

无菌试管、无菌吸管、无菌滴管、无菌安瓿管、接种环、干燥器、冰箱、冷冻真空干燥装置、酒精喷灯、三角烧瓶等。

3. 培养基

牛肉膏蛋白胨培养基斜面（培养细菌）、麦芽汁培养基斜面（培养酵母菌）、高氏Ⅰ号培养基斜面（培养放线菌）、马铃薯蔗糖培养基斜面（培养丝状真菌）。

4. 药品

无菌水、10%盐酸、95%酒精、食盐、液体石蜡、脱脂奶粉。

四、实验方法

1. 斜面传代培养保藏法

（1）标记

取各种无菌斜面试管数支，标记，待用。

（2）转种

将待保藏的菌种用接种环以无菌操作法移接至相应的试管斜面上。

（3）培养

细菌：37℃培养 18~24 h；酵母菌：28~30℃培养 36~60 h；放线菌或丝状真菌：28℃培养 3~5 d。

（4）保藏

斜面长好后，可直接放入 4℃冰箱中保藏。为防止棉塞受潮长杂菌，管口棉花应用牛皮纸包扎，或换上无菌胶塞，亦可用熔化的固体石蜡熔封棉塞或胶塞。保藏时间依微生物种类不同，酵母菌、霉菌、放线菌及有芽孢的细菌可保存 2~6 个月，移种一次；而不产芽孢的细菌最好每月移种一次。此法的缺点是容易变异，污染杂菌的机会较多。

2. 液体石蜡保藏法

（1）液体石蜡灭菌

将适量液体石蜡装入三角烧瓶中，塞好棉塞，并用牛皮纸包扎，121℃灭菌约 20 min，后将其置于 105~110℃的烘箱中保存 1 h，使液体石蜡中的水分蒸发，备用。

（2）接种培养

同斜面传代培养保藏法。

（3）液体石蜡隔绝

前期准备完成后，用无菌滴管吸取一定量的无菌液体石蜡，以无菌操作法注入已长好的菌种斜面上，加入量以高出斜面顶端约 1 cm 为宜。

（4）保存

用棉塞和牛皮纸包扎好，将试管直立，置于 4℃冰箱中保存。

（5）恢复培养

用接种环从液体石蜡下挑取少量菌种，并在试管壁上轻轻蹭几下，尽量去除液体石蜡，再接种于新鲜的培养基中培养。

（6）注意事项

利用这种保藏方法，霉菌、放线菌和有芽孢细菌可保藏 2 年左右，酵母菌可保藏 1~2 年，一般无芽孢细菌也可保藏 1 年左右。而且在恢复培养时，由于菌体表面可能粘有液体石蜡，因此生长较慢，故一般要转接 2~3 次才能获得良好接种。

3. 沙土载体保藏法

（1）沙土处理

取适量河沙经 40 目筛子过筛，以去除颗粒。然后加入质量分数为 10% 的盐酸，并加热煮沸 30 min，以除去其中的有机杂质。倒去盐酸，用清水冲洗至中性，晒干，备用。

另取非耕作层的瘦黄土（不含有机质），加清水浸泡并洗涤数次，直至中性，烘干，粉碎，然后用 100 目筛子，以去除粗颗粒，备用。

（2）装管

将沙与土比例为 3∶1 混合均匀，装入 10 mm × 100 mm 的试管中，装入约 7 cm 高，塞好棉塞，并用牛皮纸包扎好，121 ℃ 灭菌 30 min，烘干。

（3）抽样

从每 10 支沙土管中任意抽取一支，取少许的沙土倒入牛肉膏蛋白胨培养液中，在 37 ℃ 下培养 2～4 d，如无杂菌生长，方可使用。若发现有杂菌，必须经重新灭菌后，再用无菌抽样试验，直到合格。

（4）制备

用无菌吸管分别吸取 3 mL 无菌水至待保藏菌种斜面上，用接种环轻轻搅动制成菌悬液。

（5）加样

用 1 mL 的吸管吸取上述菌悬液 0.5 mL 左右，加入沙土管中，用接种环搅拌均匀。注意加入菌悬液量以湿润沙土 2/3 高度为宜。

（6）干燥

将含菌的沙土管放入干燥器中，干燥器内用培养皿盛 P_2O_5 作为干燥剂，可再用真空泵连续抽气 6～12 h，加速干燥（抽干时间越短越好，务必在 10 h 内抽干水分）。完成后，将沙土管轻轻一拍，如沙土呈分散状即达到充分干燥。

（7）保藏

有以下 4 种保藏方法：①将含量沙土可以保存于干燥器中；②可以用液体石蜡封住棉花塞后放入 4 ℃ 冰箱中保存；③将沙土管取出，管口用火焰熔封后再放入 4 ℃ 冰箱中保存；④将沙土管装入有 $CaCl_2$ 等干燥剂的大试管中，塞上橡皮塞或木塞，再用蜡封口，放入箱中或室温保存。

（8）恢复培养

使用时挑取少量混有孢子的沙土，接种于斜面培养基上，或液体培养基内培养即可，原沙土管仍可继续保藏。

（9）注意事项

该法适用于保藏能产生芽孢的细菌及能形成孢子的霉菌和放线菌，可保存 2 年左右。但不能用于保存营养细胞。

4. 真空冷冻干燥保藏法

（1）安瓿管准备

安瓿管一般选用内径 6~8 mm，长 10.5 cm 的硬质玻璃试管，安瓿管使用前要用质量分数为 10% 的盐酸浸泡 8~10 h，再用清水冲洗多次，最后用去离子水洗 1~2 次，烘干，并将标有菌名和接种日期的标签放入安瓿管内，有字的一面要朝向管壁。在管口处加棉塞，121℃ 灭菌 30 min，备用。

（2）纯培养

要选用无污染的纯菌种。细菌培养时间为 24~48 h，对某些菌 3 d 较为合适，放线菌与丝状真菌 7~10 d。此法的菌种保存期可达数年，因此要特别注意菌种的纯度，并且要选用菌种的最适培养基。

（3）保护剂

以细菌为例，首先要制备脱脂牛奶（将脱脂奶粉配成质量分数为 20% 的乳液，分装，121℃ 灭菌 30 min），然后吸取 2~3 mL 无菌脱脂牛奶加入斜面细菌试管中，用接种环轻轻搅动菌落，制成较浓的菌悬液，并将其分装于安瓿管底部，每管装 0.2 mL。

（4）预冷

先将安瓿管外的棉花剪去，棉塞向里推至管口约 15 mm 处，再连接真空冷冻干燥装置，并将所有安瓿管浸入装有干冰和体积分数为 95% 的乙醇的冷冻槽中 1 h 左右（此时冷冻槽内温度要达到 -40~50℃），即可使菌悬液冻结成固体。

（5）低温干燥

在完成冷冻后，开启真空泵，在 10~30 min 内使真空度达 66.7 Pa 以下，使被冻结的悬液开始升华，当真空度达到 26.7 Pa 左右时，冻结样品逐渐被干燥成白色片状，这时使安瓿管脱离冷冻槽，在室温下（25~30℃）继续干燥（管内温度不要超过 30℃），升温可加速样品中残余水分的蒸发，达到进一步干燥目的，总干燥时间一般在 4~8 h。

（6）封存保藏

干燥完成后继续保持压力，在安瓿管棉塞的稍下部位用酒精喷灯火焰灼烧，将此处拉成细颈并熔封，然后置于冰箱内保藏。一般以这种办法 4℃ 冰箱内菌种可以存活 3~5 年，低温保存时间可以更长，甚至 10 年以上。

（7）恢复培养

如要取用菌种，先将无菌水滴在烧热处，使管壁出现裂缝，放置片刻后，让空气从裂缝中缓慢进入管内后，再将裂口端敲断，再用无菌的长颈滴管吸取菌液至合适培养基中，放置在适宜温度下培养。

（8）注意事项

该法综合利用了各种有利于菌种保藏的因素（低温、干燥和缺氧等），是目前最有效的菌种保藏方法之一，保存时间可达 10 年以上。

五、实验结果

试按以下项目将菌种保藏方法和结果填入下表（表 3-15-1）中。

表 3-15-1　菌种保藏实验结果

接种日期	菌种名称	条件		保藏方法	保藏温度	操作要点
		培养基	培养温度			

思　考　题

1. 选取菌种时，采用什么时期的菌种最宜？为什么？
2. 试述各种菌种保藏方法的优缺点。
3. 现有一个纤维素酶的高产霉菌菌株，你用什么方法保存，请设计一试验方法。

（李科伟　李劲松）

实验十六　病毒的电镜形态观察

1931年，科学家研制出了世界上第一台透射电子显微镜。1939年，科学家将其商品化，并提高了分辨率和放大倍数。

电子显微镜（以下简称电镜）被认为是研究微观世界的"科学之眼"，分为透射式和扫描式两种类型。电镜最初被应用于细胞研究，后来又被用于组织学、细胞学、超微病理学研究，而到如今电镜早已被广泛用于结构生物学及蛋白分子三维结构研究。电镜技术取得了飞跃的发展，在医学、生物学、材料学、地质学、考古学、航天航空学等许多领域中得到了广泛的应用。

随着科学技术的不断发展，电镜样品制备技术也得到飞速发展。在透射电镜超薄切片技术基础上，又相继出现负染色技术、电镜放射自显影技术、免疫和细胞化学技术、电镜核酸原位杂交技术，以及冷冻电镜技术和三维重构技术等；在扫描电镜常规技术基础上，也出现了冷冻割断技术、蚀刻复型技术、管道铸型技术、电子探针技术、双束离子束切割技术，以及连续切片扫描技术等。同时，在电镜上安装各种探测仪器（如能谱仪（EDX）、波谱仪（WDX）等）便成了分析型电镜。

电镜是以高速电子束流作为光源，利用电磁透镜产生的电场或磁场折射电子束，当电子束穿过物体（主要是超薄切片）时汇聚成一个像点，并通过轰击荧光屏激发荧光而成像;或被电子成像系统 CCD 接收转换成为电子信号,在显像管上显示出来(透射电镜成像);或扫描样品表面产生反射电子或激发样品表面电子形成二次电子,被电子监测器接收转为电子信号在显像管上显示出来(扫描电镜成像)。因此,透射电镜以观察物体内部超微结构形态为主,扫描电镜主要观察物体的外表。

微生物研究以透射电镜观察为主,以下实验中即以透射电镜进行微生物样品观察。

一、实验目的

1. 了解电镜的结构和原理,掌握透射电子显微镜和普通光学显微镜工作原理的异同点。
2. 了解样品的制备过程。
3. 了解电镜下病毒的结构。

二、实验内容

1. 参观电镜室。
2. 样品制作。
3. 观看电镜下病毒的结构影像。

三、实验材料和用具

1. 噬菌体

高浓度谷氨酸生产菌株短杆菌 530 噬菌体裂解液(效价在 10^7 PFU/mL 以上)。

2. 器材用具

芳华膜铜网若干枚、滤纸、镊子、染色盘或蜡板、培养皿。

3. 试剂

氯仿、2% 的磷钨酸溶液。

4. 仪器

透射电子显微镜、离心机。

四、实验方法

1. 样品的制备

(1) 高浓度短杆菌 530 噬菌体增殖

增殖谷氨酸生产菌株短杆菌 530 噬菌体(或大肠埃希菌噬菌体亦可)至效价 10^7 PFU/mL 以上。

(2) 高浓度短杆菌 530 噬菌体裂解液的制备

加上体积分数为 3% 的氯仿,振荡 10 s 后,取上清液 4 000 r/min 离心,再取少量上清液放入微量离心管内，1 000 r/min 离心 30 min，静置待用。

2. 载网的准备

常用的载网为铜网。具有不同孔目规格，如 400 目、200 目、100 目、50 目或单孔铜网。铜网可在专业用品商店购到，一般使用 200 目芳华膜铜网。

3. 负染技术法

负染技术法是观察颗粒状生物材料的外部形状常用的染色方法，广泛应用于细菌、病毒、大分子结构、亚细胞碎片、分离的细胞器以及纳米材料等研究工作。特别是在病毒学领域，负染技术更能发挥其独到作用，是一项很重要的实验技术。

负染技术工作原理就是将重金属盐染色液（常用 1% 醋酸铀溶液或 2% 磷钨酸溶液）与标本混合，利用高密度重金属盐（如磷钨酸盐、醋酸铀等）沉积在样品四周，由于重金属盐散射电子的能力较强，在样品四周形成了电子密度较强的暗区，而样品本身散射电子的能力较弱，则表现为亮区，这样便能把样品的外部形貌清楚地衬托出来，如图 3-16-1 所示。

负染技术所用的样品全部采用悬浮液。这种悬浮液中的样品必须达到一定的浓度和纯度。染色方法有漂浮法和混合法等。

（1）漂浮法

操作时，将带有样品的悬浮液滴到蜡板上，然后将带有支持膜的铜网的膜面贴在液滴上面，过 1~2 min 将铜网取出，用滤纸将液体吸掉，然后用同法将带有样品的铜网贴放在染色液表面进行染色，大约 2 min，将铜网取出，浸入双蒸馏水内 5 s 即取出，用滤纸吸干残留液，电镜内进行观察。

（2）混合法

将染色液与样品悬浮液按一定比例混合均匀，2~3 min 后，取一滴混合液直接滴在有膜通网上，静置 2 min，然后浸入双蒸馏水内 5 s 即取出，用滤纸吸干残留液，电镜内进行观察。

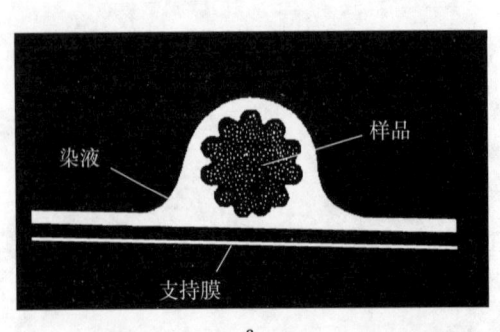
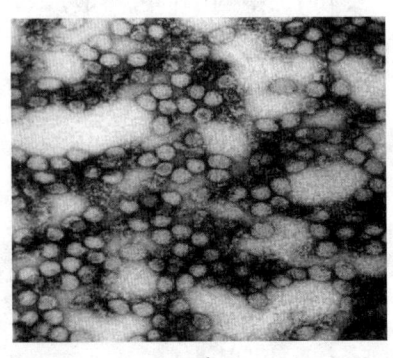

图 3-16-1　负染技术法

a. 负染技术示意图；b. 负染技术处理后透射电镜所拍摄的病毒图片

实验十六 病毒的电镜形态观察

4. 电镜观察

当电镜调整完毕,即可将制备好的标本装入样品室内的样品台上,进行观察。铜网标本应先在低倍显微镜下(200×)挑选分散均匀、浓度适中的标本。进行观察时选择标本上最佳的区域进行观察拍照和记录形态。

5. 实验注意事项

(1)要熟悉电镜的基本操作要领及主要功能旋钮的使用注意点,CCD拍照时要注意亮度的控制,亮度过高容易损伤CCD接收器件。

(2)负染时要注意样品浓度及染色时间的把握,浓度不同,染色时间有差异。

(3)如膜上出现盐结晶析出,须重新制备,可适当缩短染色时间。

思 考 题

1. 比较透射电子显微镜和普通光学显微镜的工作原理,两者有何异同?
2. 电镜观察负染样品时为何不能绝对干燥?为何要放在支持膜上而不放玻片上观察?
3. 为何负染时要过一下双蒸馏水?

(方周溪)

第四章
设计性实验

实验十七　理化因素对细菌的影响

微生物广泛分布在自然界的各种环境中。环境中的物理因素、化学因素和生物因素对不同类型微生物的生长发育产生不同的影响。反之，微生物的生命活动对局部区域的小环境也会产生一定的影响，如产酸、产碱、产酶或产生次生代谢产物，从而改变自然环境。由此可见，微生物与自然环境之间是相互影响、相互作用的关系。通过人为设计的环境因素对微生物生长发育的影响试验，可以有助于理解环境条件与微生物生命活动之间的关系。

一、实验目的

1. 掌握常见抑制微生物活动或杀死微生物的物理、化学因素的作用原理和方法。
2. 理解芽孢在消毒作用中的重要性。
3. 了解热力对细菌的作用。
4. 掌握紫外线特点及其杀菌作用。
5. 了解某些染料的抑菌作用。

二、实验内容

1. 测试三种细菌对紫外线的抵抗力。
2. 测试同一细菌在不同温度（60、100、121℃）下的抵抗力。
3. 测试三种细菌在相同温度下的抵抗力。
4. 测试不同浓度结晶紫染料对三种细菌的抑制作用。
5. 验证滤菌器的除菌效果。

三、实验材料和用具

1. 菌种

临用前用无菌试管分装

（1）枯草芽孢杆菌（5 d 肉汤培养物），8 支 / 组。

（2）大肠埃希菌（18 ~ 24 h 肉汤培养物），8 支 / 组。

（3）表皮葡萄球菌（*Staphylococcus epidermidis*）（18 ~ 24 h 肉汤培养物），8 支 / 组。

（4）黏质沙雷菌（*Serratia marcescens*）（18 ~ 24 h 肉汤培养物），1 支 / 组。

2. 用具

大烧杯、一次性过滤除菌器（0.22 μm 微孔滤膜）、无菌注射器、无菌吸管（1 mL×3 支）、无菌试管、无菌棉签、接种环、接种针、试管架、防爆酒精灯、记号笔、白纸、剪刀、镊子。

3. 培养基

每组普通肉汤管 22 支，普通琼脂平板 4 块，1∶1 000 和 1∶5 000 结晶紫琼脂平板各一块。

4. 仪器

高压蒸汽灭菌器、隔水式电热恒温培养箱、电磁炉、烧水锅、紫外灯、恒温水浴箱。

四、实验方法

1. 紫外线对细菌的作用

（1）取普通琼脂平板一块，在皿底做好标记。

（2）用无菌的棉签伸入大肠埃希菌肉汤培养基中充分浸润，然后在管壁上稍挤干取出。将浸有大肠埃希菌的棉签在平板表面密集涂布整个平板，将棉签放入消毒缸中。

（3）再移至无菌室内，打开皿盖，将自行设计的各种形状白纸放置于平板上，在距离紫外灯 30 cm 处照射 20 min，去纸在酒精灯上烧灼，灭火后将纸灰丢进废物缸。以同样的方法处理枯草芽孢杆菌、表皮葡萄球菌和黏质沙雷菌。

（4）盖上平皿盖，温箱中倒置培养 18 ~ 24 h，观察结果。大肠埃希菌、枯草芽孢杆菌、表皮葡萄球菌置 37℃培养，黏质沙雷菌于 25℃温箱中培养。

2. 热力对细菌的作用

（1）不同热力方式

1）分别取枯草芽孢杆菌、大肠埃希菌和表皮葡萄球菌菌液各 4 管，做好标记。3 管进行如下处理：高压蒸汽灭菌 121.3℃，20 min；沸水浴，30 min；60℃，60 min。另一管作为对照，不做热处理。

2）处理完毕后，从每管中取 2~3 环，分别接种一支肉汤管，做好标记。注意阴性、阳性对照。

3）于 37℃温箱中，培养 18~24 h，观察结果。

（2）煮沸与作用时间的关系

1）分别取枯草芽孢杆菌、大肠埃希菌和表皮葡萄球菌菌液各 3 管，做好标记，放入沸水浴中，注意分开不要相互污染，特别是避免被枯草杆菌污染。

2）1 min 后，各取出 1 管，在装有冷水的烧杯中冷却 1 min，冷却后从每管中取 2~3 接种环，分别接种肉汤管，做好标记。

3）5 min 后，再各取出 1 管，冷却 1 min 从每管中取 2~3 接种环，分别接种肉汤管，做好标记。

4）30 min 后，将沸水浴中剩余的 3 支培养物取出，冷却 1 min 后各挑 2~3 环于肉汤培养管中。

5）于 37℃温箱中，培养 18~24 h，观察结果。

3. 结晶紫的抑菌作用

（1）将含结晶紫的琼脂平板一分为三，做好标记。

（2）取大肠埃希菌、枯草芽孢杆菌和表皮葡萄球菌各一接种环菌液，分别涂布于平板表面相应的位置上，37℃培养 18~24 h，观察结果。

4. 细菌的滤过除菌

（1）分别用无菌注射器抽取 1 mL 表皮葡萄球菌和粘质沙雷菌培养液，注入无菌滤器内，加压过滤，用另 1 支无菌肉汤管接滤过的液体。做好标记，37℃培养 18~24 h，观察结果。

（2）分别取未过滤的培养物，接入肉汤管中，37℃培养 18~24 h，作为生长对照。

五、实验结果

1. 描述并分析所观察的紫外线杀菌实验结果，参考示例如图 4-17-1。

a

梅 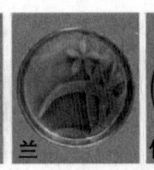兰 竹 菊
b

图 4-17-1　紫外线杀菌实验结果
a. 利用细菌的生长特性和紫外线杀菌技术，黏质沙雷菌呈现"欢迎您"；
b. 利用传统剪纸技术结合紫外线杀菌特点，让细菌在培养基上长出特殊的"四君子"图案

2. 将温度对细菌的影响结果填入下表（表 4-17-1）。

表 4-17-1　温度对细菌的影响测试结果

	蒸汽高压灭菌 121.3℃	沸水浴			60℃
	20 min	1 min	5 min	30 min	60 min
枯草芽孢杆菌					
大肠埃希菌					
表皮葡萄球菌					

3. 描述结晶紫平板上三种菌的生长情况，并加以分析。
4. 描述细菌的滤过除菌效果。

思 考 题

1. 紫外线对微生物生长影响试验时，不开皿盖就用紫外线照射是否可以？为什么？
2. 化学药剂对细菌形成抑菌圈，圈内未长菌部分是否能说明微生物细胞已被杀死？
3. 试述过氧化氢、石炭酸、酒精、来苏尔、新洁尔灭、结晶紫的抑菌机制。

附：紫外线灭菌和化学灭菌

1. 紫外线灭菌

紫外线灭菌的机制主要是其诱导了胸腺嘧啶二聚体的形成和 DNA 链的交联，从而抑制了细菌的复制。另一方面，由于辐射能使空气中的氧气电离成 [O]，再使 O_2 氧化成臭氧 O_3^-（或是使 H_2O 氧化成 H_2O_2）。O_3^- 和 H_2O_2 均有杀菌作用。一般用于灭菌的紫外线波长是 200～300 nm，灭菌力最强的波长为 260 nm。紫外线进行直线传播，其强度与距离平方成比例地减弱，并可被不同的表面反射。其穿透作用微弱，但较易穿透清洁空气及纯净的水，其中悬浮物或水中盐类增多时，则穿透程度显著下降。所以紫外线广泛用于空气灭菌和表面灭菌。

随着紫外线对微生物照射剂量、照射时间及照射距离的不同，紫外线对微生物的生理活动也相应地产生不同的影响。剂量高、时间长、距离短时就易杀死微生物；剂量低、时间短、距离长时就会有少量微生物个体残留下来。其中一些个体的遗传特性发生变异。可以利用这种特性来进行灭菌和菌种选育工作。

一般在 6～15 m³ 的空间可装置 30 瓦（或 36～48 瓦）紫外线灯一只，灯距离地面以 2.5 m 到 3 m 为宜。湿度过大可降低灭菌效果，相对湿度以 45%～60% 比较适宜。温度宜于 10～55℃ 范围。紫外线灯管必须保证无尘油垢，否则辐射强度将大力为降低。普通玻璃可吸收紫外线。因此安瓿中药物不能用此法灭菌。紫外线的杀菌效率，还取决于微生物的敏感性。如于一平面上辐射强度为通常应用的最小强度 2 mw/cm^2（30 瓦紫外线灯于距 1 米处强度为 85 mw/cm^2）时，杀死枯草杆菌芽孢需 1 100 s，而对溶血性链球菌，则仅需 275 s。可粗略认为在紫外线灯下直接暴露，一般繁殖体微生物 3~5 min，芽孢约 10 min 即可死亡。唯紫外线对酵母特别是霉菌杀菌力较弱。紫外线对人体如照射过久，能产生结膜炎及皮肤烧灼等现象。一般均在操作前启紫外线灯 0.5~1 h，然后进行操作。各种规格的紫外线灯，皆规定了有效使用时间，一般为 3 000 h。故每次使用应登记开启时间，并定期进行灭菌效果的检查，也可用具有对 260 nm 灵敏的照度计，来测定其辐射强度。

2. 化学灭菌

化学灭菌是利用消毒剂或防腐剂杀死或抑制微生物。能迅速杀灭病原微生物的药物，称为消毒剂。能抑制或阻止微生物生长繁殖的药物，称为防腐剂。但一种化学药物是杀菌还是抑菌，常不易严格区分。由于消毒防腐剂没有选择性，因此对一切活细胞都有毒性，不仅能杀死或抑制病原微生物，而且对人体组织细胞也有损伤作用，所以只能用于体表、器械、排泄物和周围环境的消毒。常用的化学消毒剂有石炭酸、来苏水、甲醛溶液、氯化汞、碘酒、酒精等。

（1）消毒剂的作用机制

1）使细胞膜通透性受损。

2）使菌体蛋白变性和凝固，失去其生物活性，导致细菌死亡。

3）破坏或改变蛋白质与核酸功能基团，使菌体酶蛋白失去酶的活性。

（2）影响消毒剂作用的因素

1）消毒剂浓度和作用时间。

2）温度。

3）细菌种类和数量。

4）被消毒物的性质。

（周　燕　曾爱兵）

实验十八　营养缺陷型细菌的筛选

营养缺陷型是指野生型菌株经过人工诱变或自发突变，丧失了合成某些代谢产物（如氨基酸、核酸碱基、维生素）的能力，必须在基本培养基中补充该种营养成分，才能正常生长出的突变菌株。由于减低或消除了末端产物浓度，可解除反馈代谢调控，使代谢途径中的中间产物或分枝合成途径中的末端产物得以积累。所以营养缺陷型菌株被广泛用于氨基酸、核苷酸、维生素的生产中，也广泛用于基因定位、杂交及基因重组等研究中的遗传标记。

营养缺陷型的筛选一般要经过诱变处理、淘汰野生型、检出缺陷型、鉴定缺陷型四个环节。紫外线（UV）是一种常见的物理诱变因素，能引起DNA链的断裂，以及DNA分子内和分子间的交联等，但最主要的是使双链之间或同一条链上两个相邻的胸腺嘧啶形成二聚体，阻止正常配对，从而引起突变。可见光照射能激活光解酶，将胸腺嘧啶二聚体解开而使DNA恢复正常。因此，为了避免光复活，用紫外线照射处理时以及处理后的操作应在红光下进行，并且将照射处理后的微生物放在暗处培养。

一、实验目的

1. 学习营养缺陷型的筛选和鉴定方法。
2. 了解营养缺陷型在生命科学研究中的应用。

二、实验内容

1. 细胞或分生孢子的紫外线诱变处理。
2. 营养缺陷型的浓缩。
3. 营养缺陷型的检出。
4. 营养缺陷型的鉴定。

三、实验材料和用具

1. 菌种

大肠埃希菌斜面培养物。

2. 用具

离心管、试管、培养皿。

3. 培养基

细菌基本培养基、LB培养基（固体和液体）、PB缓冲液（pH7.0）、氨苄西林、氨基酸、氨基酸混合物、维生素混合物。

4. 仪器

电热恒温培养箱、台式离心机、多用振荡器、磁力搅拌器、紫外灯（30W）。

四、实验方法

1. 细菌悬液的制备

取一环 E. coli 斜面菌种划线接种在LB固体平板上，37℃培养12~16 h挑取单个菌落接入装有3 mL LB液体培养基的试管中，37℃培养12~16 h，取此培养液0.5 mL接入含有50 mL LB液体培养基的250 mL三角瓶中，37℃，200 r/min振荡培养2~4 h（培养至对数期），将培养液离心（3 000 r/min，10 min）弃上清，菌体用PB离心洗涤两次（离心条件同前），最后用PB悬浮细胞，使菌体浓度控制在$10^7 \sim 10^8$ CFU/mL。

2. 诱变处理

取上述悬液2 mL于小培养皿（直径6 cm，内含搅拌子）中，将培养皿放在磁力搅拌器上，在搅拌状态下接受紫外照射2~5 min（紫外灯30 W，距离30 cm）照射完毕立即离心，收集细胞，并避光保存。

3. 营养缺陷型的浓缩

将上述诱变处理过的细菌细胞接入含有50 mL LB培养基的250 mL三角瓶中，37℃ 200 r/min培养2~4 h，离心收集细胞，基本培养基洗涤两次，用4 mL培养基悬浮细胞，取2 mL细胞悬液接入50 mL含有氨苄青霉素（终浓度20~60 μg/mL）的培养基中，37℃ 200 r/min培养3~4 h，离心取沉淀，用PB洗涤两次后用PB制成细胞悬液，并用PBS适当稀释，取100~200 μL稀释液涂LB固体平板，37℃培养12~16 h。

4. 营养缺陷型的挑选

将LB平板上形成的菌落，用无菌牙签分别点种在基本培养基和LB固体培养基的相应位置上，37℃培养12~16 h。将在LB培养基上生长而在基本培养基上不生长的菌落，继续接种在基本培养基和LB固体培养基的对应位置上，如此传代5~6次。最后，在LB上生长而在基本培养基相应位置上不生长的菌落，即可确定为营养缺陷型菌株。

5. 营养缺陷型的鉴定

把挑出的营养缺陷型菌株用PBS悬浮制成菌悬液（$10^6 \sim 10^8$ CFU/mL），取100~200 μL涂布在固体基本培养基的表面，待表面干燥后，在标定位置上放置少量氨基酸、碱基或维生素的结晶（或滤纸片），37℃培养12~16 h。缺陷型在所需要的化合物周围出现混浊的生长圈。现一般把几种化合物编为一组，按下表4-18-1进行测定。

表4-18-1 营养缺陷型检测分组

组别	化合物代号					
A	1	7	8	9	10	11
B	2	7	12	13	14	15
C	3	8	12	16	17	18
D	4	9	13	16	19	20
E	5	10	14	17	19	21
F	6	11	15	18	20	21

6. 注意事项

（1）紫外诱变后要避光培养。

（2）各个环节注意无菌操作。

五、实验结果

按上表可在一个培养皿上测定出一个营养缺陷型菌株对 21 种化合物的需要情况。若在放有 C 组化合物的周围出现生长圈，则这一缺陷型缺少化合物 3。如若在 C 组和 D 组之间出现生长，说明这一缺陷型同时需要 C、D 这两种化合物中的各一种，具体是哪两种，尚需进一步鉴定。

思 考 题

1. 营养缺陷型挑选时应注意哪些问题？
2. 如何能获得 Aspergillus niger 的营养缺陷型？试设计一实验。
3. 如何能获得大肠埃希菌的丙氨酸营养缺陷型？试设计一实验。
4. 请绘制出营养缺陷型挑选的流程简图。
5. 试述营养缺陷型浓缩的机制。

（李科伟　李劲松）

实验十九　抗药性突变株的分离

抗药性突变株是指野生型菌株发生基因突变而产生的对某化学药物的抗性变异类型，可在加有相应药物的培养基平板上筛选出。生物的抗药性突变是由于 DNA 分子的某一特定位置的结构改变所致，与药物的存在无关，药物的存在只是作为筛选某种抗药性菌株的手段。抗药性突变在科学研究和育种实践上常用作遗传标记，因而掌握分离抗药性突变株的方法是十分必要的。

为了便于选择适当的药物浓度，分离抗药性突变株常用梯度平板法。通过制备存在药物浓度梯度的平板，在其上涂布诱变处理后的细胞悬液，极个别抗性突变的细胞会在平板上药物浓度比较高的部位长出菌落。将这些菌落挑取纯化，进一步进行抗性试验，就可以得到所需要的抗药性菌株。

一、实验目的

1. 学习用梯度平板分离抗药性突变株。
2. 掌握紫外线诱变处理的原理和操作方法。

二、实验内容

1. 紫外线诱变处理。

2. 药物梯度平板的配制。
3. 抗药性突变型的筛选和检测。

三、实验材料与用具

1. 菌种

大肠埃希菌链霉素敏感株（*Escherichia coli Str*）。

2. 用具

培养皿、无菌吸管、玻璃涂棒、装有玻璃珠的锥形瓶、接种环、接种针、防爆酒精灯、打火机、记号笔、试管架。

3. 培养基

牛肉膏蛋白胨琼脂培养基、牛肉膏蛋白胨琼脂培养液（分装于离心管中，每管 5 mL）。

4. 试剂

链霉素、生理盐水。

5. 仪器

磁力搅拌器、台式离心机、电热恒温培养箱等。

四、实验方法

1. 制备菌悬液

从已活化的斜面菌种上挑一环大肠埃希菌于装有 5 mL 牛肉膏蛋白胨培养液的无菌离心管中（接 2 支离心管），置 37℃条件下培养 16 h 左右，离心（3 500 r/min，10 min），弃去上清液后再用生理盐水洗涤 2 次，弃去上清液，重新悬浮于 5 mL 生理盐水中。将 2 支离心管的菌液一并倒入装有玻璃珠的锥形瓶中，充分振荡以分散细胞，制成 10^8 CFU/mL 的菌液。然后吸 3 mL 菌液于装有磁力搅拌棒的培养皿（直径 6 cm）中。

2. 紫外线诱变处理

（1）预热紫外灯

将紫外线开关打开预热约 20 min，使照射强度稳定。紫外灯功率为 15W，照射距离为 30 cm。

（2）加菌液

取直径 6 cm 无菌平皿 3 套，分别加入上述调整好细胞浓度的菌悬液 3 mL，并放入一根无菌搅拌棒或大头针。

（3）照射

将上述 3 套平皿先后置于磁力搅拌器上，打开磁力搅拌器开关，先照射 1 min，再打开皿盖，分别搅拌照射 30 s、1 min 和 3 min。盖上皿盖，关闭紫外灯。照射计时从开盖起至加盖止。操作者应戴上玻璃眼镜，以防紫外线伤害眼睛。

3. 抗药性突变株的检测（梯度平板法）

（1）制备梯度平板

将融化好的 10 mL 牛肉膏蛋白胨琼脂培养基倒入培养皿，立即将培养皿斜放，使高处的培养基正好位于皿边与皿底的交接处（图 4-19-1a）。待凝固后，在平板底部高琼脂的一边标记"低"，再将培养皿平放，加入含有链霉素（100 g/mL）的牛肉膏蛋白胨琼脂培养基 10 mL（图 4-19-1b）。凝固过夜，以便于抗生素渗透，可得到链霉素浓度从 100 g/mL 到 0 g/mL 逐渐递减的梯度培养皿。然后在皿底作一个"→"符号标记，以示药物浓度由低到高的方向。

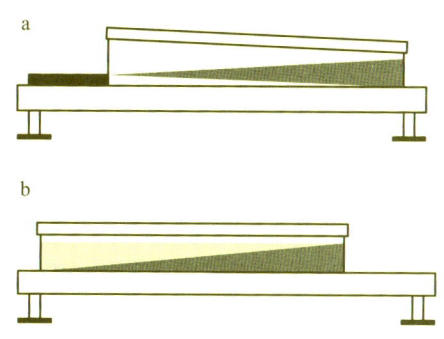

图 4-19-1　药物浓度梯度平板制备

a：加入牛肉膏蛋白胨琼脂培养基并倾斜培养皿；b：将培养皿平放，加入含有链霉素的牛肉膏蛋白胨琼脂培养基

（2）筛选抗药性菌株

用无菌吸管吸取 0.2 mL 诱变后的 *E.coli* 培养液加到梯度平板上，用无菌玻璃涂布棒将菌液均匀涂布到整个平板表面。然后把平板倒置于 37℃培养 48 h。选择数个生长在梯度平板中部的单个菌落分别接种到斜面上，培养后再做抗药浓度的测定。

4. 抗药浓度的测定

（1）制备含药平板

取链霉素溶液（750 g/mL）0.2、0.4、0.6、0.8 mL 分别加到无菌培养皿中，再加入熔化并冷却到 50℃左右的牛肉膏蛋白胨琼脂培养基 15 mL，立即混匀，冷凝后即为含有 10、20、30、40 g/mL 链霉素的含药平板。另做一个不含药的平板作为对照用。

（2）抗药性的测定

将上述培养皿用记号笔分区，将分离到的抗药性菌株分别划线接入上述 4 种药物浓度的平板上和对照平板上。每一皿必须留一格接种出发菌株。然后将所有培养皿倒置放入 37℃温箱中培养过夜。第二天观察各菌株的生长情况，并记录结果。

五、实验结果

1. 将经紫外线诱变后各抗性菌株抗链霉素的程度（在 40 g/mL 上能生长的菌株，可继续提高药物浓度，做进一步测定）填入下表（表 4-19-1）。

表 4-19-1　紫外线诱变后各抗性菌株抗链霉素结果

菌株编号	含药平板（g/mL）				对照平板
	10	20	30	40	
1					
2					
3					
出发菌株					

2. 这次诱变处理后得到的抗性菌株有几个？其抗性程度是否有差异？

思　考　题

1. 培养基中的链霉素引起了抗性突变吗？请设计一个实验加以说明。

2. 梯度平板法除用于分离抗药性突变株以外，还有什么其他用途？将未经诱变的菌株涂在含药平板上是否会有菌落出现？为什么？

3. 你选出的抗药性菌株中，如有一支抗链霉素的菌株在含药平板上能生长，在不含药平板上反而不生长，这说明什么？

（李科伟　曾爱兵）

附录
微生物实验室常用试剂配制方法

一、常用缓冲液的配制

0.1 mol/L 磷酸缓冲液（pH7.0）

称取 $NaHPO_4 \cdot 12H_2O$ 35.82 g，溶于 1 000 mL 蒸馏水中，称为 A 液；称取 $NaH_2PO_4 \cdot 2H_2O$ 15.605 g，溶于 1 000 mL 蒸馏水中，称为 B 液。取 A 液 61 mL，B 液 39 mL，可得到 100 mL 0.1 mol/L pH7.0 磷酸缓冲液。

二、抗酸染液的配制

1. 碱性亚甲蓝染液

亚甲蓝 2 克溶于 95% 酒精 100 mL 中制成饱和液。取亚甲蓝酒精饱和液 30 mL 与 0.01%KOH 100 mL 混合而成。

2. 石炭酸复红染液

碱性复红 4 g 溶于 95% 酒精 100 mL 中制成饱和液。取 10 mL 与 5% 石炭酸溶液 90 mL 混匀即成。

3. 盐酸酒精脱色剂

浓盐酸 3 mL 加于 95% 酒精 97 mL 中即成。

三、常用指示剂的配制

先称取指示剂 0.1 g 置研钵中磨成粉末，按表附-1 所示滴加 0.1 mol/L NaOH 溶液，加蒸馏水至规定浓度即可。

例如 0.02% 酚红原液配制方法如下：称取酚红 0.1 g 置研钵内，用小量筒量取 0.1 mol/L NaOH 2.82 mL，吸取少许加入酚红研钵中研磨，然后加入一定量的蒸馏水置 4℃ 冰箱过夜。次日取出吸取上清液装入小瓶内，留下沉淀物再加入量筒内的 0.1 mol/L NaOH 少许，再研磨，再加入一定量蒸馏水并置 4℃ 冰箱过夜。

次日取出吸取上清液加入原小瓶内。如此反复，直到 0.1 g 酚红完全溶解。共用 0.1 mol/L NaOH 2.82 mL，补足蒸馏水至 500 mL，即为 0.02% 酚红原液。

其他常用指示剂配法见表附 –1。

表附 –1 常用指示剂配制法及 pH 感应界

指示剂	色调变更 酸→碱	pH 感应界	溶解 0.1 g 指示剂需要 0.1 mol/L NaOH 量（mL）	加蒸馏水至体积（mL）	浓度（%）
溴甲酚紫	黄→紫	5.2～6.8	1.85	250	0.04
溴酚蓝	黄→蓝	3.0～4.6	1.49	250	0.04
溴麝香草酚蓝	黄→蓝	6.0～7.6	1.60	250	0.04
甲基红	红→黄	4.4～6.0	-	500	0.02
酚红	黄→红	6.8～8.4	2.82	500	0.02
麝香草酚蓝	黄→蓝	8.0～9.6	2.15	500	0.04

四、常用营养培养基、选择培养基、鉴别培养基的制备

1. 细菌基本培养基

（1）成分

NH$_4$H$_2$PO$_4$，1 g　　　　　　　　　MgSO$_4$·7H$_2$O，2 g

NaCl，5 g　　　　　　　　　　　　K$_2$HPO$_4$，1 g

葡萄糖，20 g　　　　　　　　　　　水，1 000 mL

（2）制法

pH7.0，115℃湿热灭菌 30 min。

2. 伊红亚甲蓝培养基（EMB 培养基）

（1）成分

蛋白胨，10 g　　　　　　　　　　　乳糖，10 g

K$_2$HPO$_4$，2 g　　　　　　　　　　琼脂，25 g

2%伊红 Y（曙红）水溶液，20 mL　　0.5%亚甲蓝水溶液，13 mL

（2）制法

先将蛋白胨、乳糖、K$_2$HPO$_4$ 和琼脂混匀，加热溶解后，调 pH 至 7.4，115℃高压灭菌 20 min，然后加入已分别灭菌的伊红液和亚甲蓝液，充分混匀，防止产生气泡。待培养基冷却 50℃左右倒平皿。如培养基太热会产生过多的凝集水，可在平板凝固后倒置存于冰箱备用。目前有市售半合成培养基干粉，可以依照配方说明书操作。

3. 血液琼脂培养基

（1）成分

普通琼脂培养基，100 mL　　　　　　无菌脱纤维羊血或兔血，5～10 mL

（2）制法

将灭菌后的普通琼脂培养基（pH7.6）加热融化，冷至50℃左右以无菌操作加入无菌脱纤维羊血（临用前置37℃水箱内预温30 min），轻轻摇匀后分装无菌试管或平皿内，制成血琼脂斜面或血琼脂平板，凝固后放37℃温箱孵育24 h，若培养基上无菌生长即可使用或保存于4℃冰箱内备用。此培养基可供分离培养一般致病菌用。

4. 麦康凯琼脂培养基

（1）成分

蛋白胨，20 g　　　　　　　乳糖，10 g
氯化钠，5 g　　　　　　　胆盐（或去氧胆酸钠 1 g），5 g
琼脂，20～25 g　　　　　　1% 中性红，5 mL
蒸馏水，1 000 mL

（2）制法

将蛋白胨、氯化钠、胆盐、乳糖加入500 mL 水中，加热溶解，将琼脂加入余下的 500 mL 水中，加热溶解，将上述两液体趁热混合，调 pH 至 7.4，以纱布过滤，再按每瓶 100 mL 分装小烧瓶，高压灭菌 68.95 kPa 20 min。取出后待冷至 50℃时，每 100 mL 培养基中加入经煮沸灭菌的 0.1% 中性红水溶液 0.5 mL 混匀后倾注平板。此培养基可供分离肠道杆菌用。目前有市售半合成培养基干粉，可以依照配方说明书操作。

5. 普鲁士蓝琼脂培养基（弱选择培养基）

（1）成分

无糖营养琼脂（pH7.4），100 mL　　　乳糖，1 g
10 g/L 普鲁士蓝水溶液，0.5 mL　　　10 g/L 玫瑰红酸乙醇溶液，1 mL

（2）制法

将乳糖加入已灭菌的肉膏汤琼脂内，加热融化琼脂并混匀，冷至50℃左右加入其余两溶液混匀，立即倾注平板，凝固后备用。此培养基可供分离肠道沙门菌和志贺菌用。目前有市售半合成培养基干粉，可以依照配方说明书称重和加水，操作简单。

6. SS琼脂培养基（强选择培养基）

（1）组成成分

牛肉膏，5 g　　　　　　　　乳糖，10 g
胆盐，8.5 g　　　　　　　　蛋白胨，5 g
硫代硫酸钠，8.5～10 g　　　柠檬酸钠，10～14 g
煌绿，0.33 mg　　　　　　　柠檬酸铁，0.5 g
5 g/L 中性红水溶液，4.5 mL　琼脂，18 g
蒸馏水，1 000 mL　　　　　　pH 7.2

（2）制法

除中性红、煌绿、琼脂外，其余成分加水溶解，摇匀，稍微加热；待冷调整 pH 为 7.2~7.4；再加入中性红、煌绿、琼脂摇匀再煮沸一次；待冷至 55℃ 左右倾注平板，凝固后保存于冰箱备用。

此培养基目前市场上有半合成干粉，因配方含胆盐、煌绿等成分，培养基干粉易刺激鼻和咽喉部黏膜，引起呛鼻，注意佩戴口罩。加热煮沸过程中注意搅拌，避免焦糊影响使用。

7. 双糖铁琼脂培养基

（1）成分

胰蛋白胨（或蛋白胨 20 g），10 g　　氯化钠，5 g

葡萄糖，1 g　　乳糖，10 g

硫酸亚铁，0.2 g　　硫代硫酸钠，0.2 g

牛肉膏，3 g　　琼脂，16 g

4 g/L 酚红水溶，6 mL　　蒸馏水，1 000 mL

（2）制法

除糖类和酚红外其他成分混合溶于水中，加热溶解，矫正 pH 至 7.4~7.6。加入糖类和酚红水溶液，混匀过滤后分装试管，每管 3 mL，加塞高压灭菌 68.95 kPa 15 min，取出后趁热摆成斜面，斜面和底层各占 1/2 为宜。此培养基用于肠杆菌科细菌的初步鉴定，亦可用于非发酵菌的初步鉴定。目前有市售半合成培养基干粉，可以依照配方说明书操作。

8. O-F 培养基

（1）成分

蛋白胨，2 g　　K_2HPO_4，40.3 g

葡萄糖，10 g　　氯化钠，5 g

0.2% 溴麝香草酚蓝溶液，12 mL　　琼脂，2.5 g

蒸馏水，1 000 mL

（2）制法

将蛋白胨、K_2HPO_4 和氯化钠加水溶解后，调节 pH 为 7.2，加入葡萄糖、琼脂加热至溶解，加入指示剂混匀，趁热分装，每试管 2~3 mL，115℃ 高压蒸汽灭菌 20 min，冷后直立成高层琼脂备用。目前有市售微量生化反应管，可以直接购买使用。

9. 蛋白胨水培养基

（1）成分

蛋白胨，20 g

氯化钠，5 g

蒸馏水，1 000 mL

（2）制法

将上述成分溶解调整 pH 至 7.4，分装小试管，每管 2 mL，121℃高压灭菌 15 min 后备用。目前有市售微量生化反应管，可以直接购买使用。

10. 葡萄糖磷酸盐蛋白胨水培养基

（1）成分

多价蛋白胨，7 g　　　　　K_2HPO_4，5 g

葡萄糖，5 g　　　　　　　蒸馏水，1 000 mL

（2）制法

将上述成分溶解，调整 pH 至 7.2，分装小试管，每管 2 mL，121℃高压灭菌 15 min 后备用。目前有市售微量生化反应管，可以直接购买使用。

11. 西蒙柠檬酸盐培养基

（1）成分

$MgSO_4·7H_2O$，0.2 g　　　$NH_4H_2PO_4$，1 g

K_2HPO_4，1 g　　　　　　柠檬酸钠，5 g

琼脂，20 g　　　　　　　0.2%溴麝香草酚蓝溶液，40 mL

蒸馏水，1 000 mL

（2）制法

先将盐类加水溶解后，调节 pH 为 6.8，再加入琼脂加热至溶化后加入指示剂混匀，趁热分装，每试管 2~3 mL，121℃高压蒸汽灭菌 20 min，取出后趁热放成斜面备用。目前有市售半合成培养基干粉，可以依照配方说明书操作。

12. 动力–吲哚–尿素培养基基础（MIU）配方（g/L）

（1）成分

氯化钠，5.0 g　　　　　　胰酪蛋白胨，10.0 g

磷酸氢二钾，2.0 g　　　　琼脂，4.0 g

葡萄糖，1.0 g　　　　　　酚红，0.012 g

（2）制法

将除琼脂外的各种试剂加热煮沸溶解于 950 mL 蒸馏水中，调 pH 至 7.0±0.1，然后加入琼脂，经 121℃高压灭菌 15 min，冷至 50℃左右时，无菌加入 40%的尿素溶液 50 mL 混匀，分装试管备用。目前有市售半合成培养基干粉，可以依照配方说明书操作。

13. 硝酸盐培养基

（1）成分

硝酸钾，0.2 g

蛋白胨，5 g

蒸馏水，1 000 mL

（2）制法

将上述成分溶解后，调整 pH 至 7.4，分装小试管，每管 2 mL，121 ℃高压灭菌钟 15 min 后备用。

14. 分离乳酸菌培养基

常用有 MRS、改良番茄汁培养基。具体配方如下。

（1）MRS 培养基

蛋白胨 10 g，牛肉膏 10 g，酵母粉 5 g，K_2HPO_4 2 g，柠檬酸二铵 2 g，乙酸钠 5 g，葡萄糖 20 g，吐温 80 1 mL，$MgSO_4 \cdot 7H_2O$ 0.2 g，$MnSO_4 \cdot 7H_2O$ 0.05 g，（琼脂 15~20 g），蒸馏水 1 000 mL，pH 6.4~6.8。

（2）改良番茄汁培养基

番茄汁 400 mL，蛋白胨 10 g，胨化牛奶 10 g，蒸馏水 1 000 mL。

五、常用生化试剂配制

1. 甲基红指示剂

0.1 g 溶于 300 mL 95% 酒精内，再加入蒸馏水 200 mL 即可。

2. V-P 试剂（Barritt 法）

Ⅰ液：5% α-萘酚（又称甲萘酚）无水乙醇液

Ⅱ液：40% KOH 溶液

两者比例大致 3∶1。如果 40% KOH 溶液加入过多，则可与 α-萘酚反应出现古铜色，而使 V-P 弱阳性反应不易检出。

3. 欧氏（Ehrlich）试剂

对二甲氨基苯甲醛 1 g，浓盐酸 20 mL

无水乙醇，95 mL

先将试剂溶于乙醇中，缓慢加入盐酸即成。

4. 硝酸盐还原试剂

Ⅰ液：对氨基苯磺酸 0.8 g，5 mol/L 醋酸 100 mL。

Ⅱ液：α-萘胺（或二甲基 α-萘胺 0.6 g）0.5 g，5 mol/L 醋酸 100 mL。

参考文献

[1] 邓子新, 陈峰. 微生物学 [M]. 2版. 北京: 高等教育出版社, 2021.

[2] 周德庆. 微生物学教程 [M]. 3版. 北京: 高等教育出版社, 2011.

[3] 李凡, 张凤民, 黄敏. 医学微生物学 [M]. 3版. 北京: 高等教育出版社, 2011.

[4] 沈萍, 陈向东. 微生物学实验 [M]. 4版. 北京: 高等教育出版社, 2007.

[5] 周德庆. 微生物学实验教程 [M]. 2版. 北京: 高等教育出版社, 2006.

[6] 陆德源. 医学微生物学 [M]. 4版. 北京: 人民卫生出版社, 1996.

[7] 俞树荣. 微生物学和微生物学检验 [M]. 2版. 北京: 人民卫生出版社, 1997.

[8] 郑平. 环境微生物学实验指导 [M]. 杭州: 浙江大学出版社, 2005.

[9] 付玉荣, 张玉妥. 临床微生物学检验技术实验指导 [M]. 武汉: 华中科技大学出版社, 2021.

[10] 曲章义. 卫生微生物学 [M]. 6版. 北京: 人民卫生出版社, 2017.

[11] 周建新, 焦凌霞. 食品微生物学检验 [M]. 2版. 北京: 化学工业出版社, 2020.

[12] 吴爱武. 临床微生物学检验岗位知识与技能 [M]. 北京: 人民卫生出版社, 2019.

[13] 楼永良. 临床微生物学检验技术实验指导 [M]. 北京: 人民卫生出版社, 2015.

[14] 高福, 王子军. 病原微生物实验室生物安全培训指南 [M]. 北京: 人民卫生出版社, 2015.

[15] 浙江省病原微生物实验室生物安全质量管理中心. 生物安全实验室建设与管理 [M]. 杭州: 浙江文艺出版社, 2019.

[16] 郑春龙. 高校实验室生物安全技术与管理 [M]. 杭州: 浙江大学出版社, 2013.

[17] 薛广波, 张流波, 胡必杰. 医院消毒技术规范 [M]. 2版. 北京: 中国标准出版社, 2017.

郑重声明

高等教育出版社依法对本书享有专有出版权。任何未经许可的复制、销售行为均违反《中华人民共和国著作权法》，其行为人将承担相应的民事责任和行政责任；构成犯罪的，将被依法追究刑事责任。为了维护市场秩序，保护读者的合法权益，避免读者误用盗版书造成不良后果，我社将配合行政执法部门和司法机关对违法犯罪的单位和个人进行严厉打击。社会各界人士如发现上述侵权行为，希望及时举报，我社将奖励举报有功人员。

反盗版举报电话　　（010）58581999　58582371
反盗版举报邮箱　　dd@hep.com.cn
通信地址　　北京市西城区德外大街4号　高等教育出版社知识产权与法律事务部
邮政编码　　100120

读者意见反馈

为收集对教材的意见建议，进一步完善教材编写并做好服务工作，读者可将对本教材的意见建议通过如下渠道反馈至我社。

咨询电话　　400-810-0598
反馈邮箱　　gjdzfwb@pub.hep.cn
通信地址　　北京市朝阳区惠新东街4号富盛大厦1座　高等教育出版社总编辑办公室
邮政编码　　100029

防伪查询说明

用户购书后刮开封底防伪涂层，使用手机微信等软件扫描二维码，会跳转至防伪查询网页，获得所购图书详细信息。

防伪客服电话　　（010）58582300